家居装修选材完全图解
瓷砖石材

万丹 邓诗元 主编

化学工业出版社

·北京·

内 容 简 介

家装中所要用到的瓷砖和石材可以说是种类丰富，不同的瓷砖适用于不同的场景，本书列举了家装构造中所用的砖石铺装材料、天然石材及饰面砖，系统地将这些瓷砖石材材料细分为多个品种，详细描述了每种材料的名称、特性、规格、价格及使用范围等内容，并着重讲解了各种材料的选购方法与识别技巧，其中还额外讲解了部分材料的具体施工方法。

本书十分适合现代装修消费者、装修设计师、项目经理及材料经销商阅读参考。

图书在版编目（CIP）数据

家居装修选材完全图解. 瓷砖石材 / 万丹，邓诗元主编. -- 北京 ：化学工业出版社，2022.7
ISBN 978-7-122-35671-0

Ⅰ. ①家… Ⅱ. ①万… ②邓… Ⅲ. ①住宅－室内装修－装修材料－图解 Ⅳ. ①TU56-64

中国版本图书馆CIP数据核字（2020）第053444号

责任编辑：吕佳丽　邢启壮　　　　　　　　装帧设计：史利平
责任校对：宋　玮

出版发行：化学工业出版社（北京市东城区青年湖南街13号　邮政编码 100011）
印　　装：北京宝隆世纪印刷有限公司
710mm×1000mm　1 / 16　印张7　字数157千字　2023年1月北京第1版第1次印刷

购书咨询：010-64518888　　　　　　　售后服务：010-64518899
网　　址：http://www.cip.com.cn
凡购买本书，如有缺损质量问题，本社销售中心负责调换。

定　　价：49.80元　　　　　　　　　　　　　　　版权所有　违者必究

前言

近年来，对于家居装修的质量要求越来越高，瓷砖石材作为家居装修中的一个大头更是需要好好选购。家居装修质量主要由材料与施工两方面来控制，而施工的主要媒介又是材料，不少装修业主因对材料的识别、选购、应用等知识匮乏感到很困惑，如此复杂的内容不可能在短期内完全精通，甚至粗略了解一下都需要花费不少时间。本书正是为解决装修业主快速且深入掌握装修材料而推出的全新手册，为广大装修业主学习家装材料知识提供了便捷的渠道。

一般而言，常用装修材料都会有2~3个名称，选购时要分清学名与商品名，本书正文的标题均为学名，对于多数材料都在正文中又指出了商品名。了解材料的工艺与特性能帮助装修业主合理判断材料的质量、价格与应用方法，避免因错买材料造成麻烦。了解材料用途、规格能帮助装修业主正确计算材料的用量，不至于造成无端浪费。而材料的价格与鉴别方法正是本书的核心。为了满足全国各地业主的需求，每种材料都给出一定范围的参考价格，业主可以根据实际情况来选择不同档次。

本书对于常用的装修材料的选购与鉴别都细致地进行了讲解，并配以相应的视频，主要包括各类材料的特性、优缺点及选购方法，确保读者能轻松选材料，安心做装修。同时本书还通过多种方法比较各种材料的质量，满足现代家居装修设计与施工的实际需求。

本书由万丹、邓诗元主编，杨小云、董豪鹏任副主编，参编人员有：郭华良、朱涵梅、黄溜、王宇、湛慧、张泽安、万财荣、汤宝环、高振泉、张达、朱钰文、刘嘉欣、史晓臻、刘沐尧、陈爽、金露、万阳、张慧娟、牟思杭、汤留泉、赵银洁。

本书的编写耗时3年，所列材料均为近5年来的主流产品，具有较强的指导意义，在编写过程中得到了多位同仁的帮助，在此表示衷心感谢。

由于编者水平有限，书中不妥之处在所难免，恳请广大读者批评、指正。

编者

2022年2月

目录

第3章
砖石铺装材料..083

第1章
装饰面砖

识读难度： ★ ★ ★ ☆ ☆

核心概念： 陶瓷砖、玻璃砖

章节导读： 装饰面砖是家装不可缺少的材料，厨房、卫生间、阳台、客厅、走道等空间都会大面积采用这种材料，其生产与应用具有悠久的历史。在装饰技术发展与生活水平提高的今天，装饰面砖的生产更加科学化、现代化，其品种、花色多样，性能也更加优良。由于表面质地相差不大，在选购中要注意识别。

1.1 陶瓷砖

1.1.1 釉面砖

釉面砖是装饰面砖的典型代表，是一种传统的卫生间、厨房墙面铺装用砖。由于釉料与生产工艺不同，其一般分为彩色釉面砖、印花釉面砖等。

釉面砖的表面是用釉料烧制而成，而主体又分陶土与瓷土两种，陶土烧制出来的背面呈土红色，瓷土烧制的背面呈灰白色。由陶土烧制而成的釉面砖吸水率较高，质地较轻，强度较低，价格低廉。由瓷土烧制而成的釉面砖吸水率较低，质地较重，强度较高，价格较高。现今主要用于墙地面铺设的是瓷质釉面砖，其质地紧密，美观耐用，易于保洁，孔隙率小，膨胀不显著。

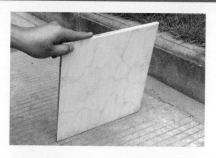

↑ 普通釉面砖

釉面砖的色彩图案丰富、规格多、清洁方便、选择空间大，表面可以制作成各种图案与花纹。根据表面光泽不同，釉面砖又可以分为高光釉面砖与亚光釉面砖两大类。但是釉面砖表面是釉料，所以耐磨性不如抛光砖、玻化砖。此外，釉面甚至有水波纹斑点等瑕疵。

↑ 印花釉面砖

现今主要用于墙地面铺设的是瓷质釉面砖，其质地紧密，美观耐用，易于保洁，孔隙率小，膨胀不显著。

目前，我国的釉面砖产量很大，由于很多生产原料都开采于地壳深处，多少都会沾染一些岩石层中的放射性物质，具有一定的放射性。因此，不符合出厂标准的劣质釉面砖危害性极大，甚至不亚于天然石材。

在现代家居装修中，釉面砖主要用于厨房、卫生间、阳台等室内外墙面铺装，其中瓷质釉面砖可以用于地面铺装。墙面砖规格为250mm×330mm×6mm、300mm×450mm×6mm、300mm×600mm×8mm等。高档墙面砖还配有相当规格的腰线砖、踢脚线砖、顶脚线砖等，这些砖均施有彩釉装饰，且价格高昂，其中腰线砖的价格是普通砖的5~8倍。地面砖规格一般为300mm×300mm×6mm、330mm×330mm×6mm、600mm×600mm×8mm等，中档瓷质釉面砖的价格为40~60元／m^2。

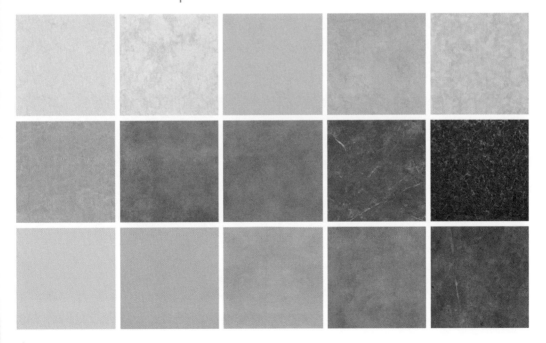

↑ 釉面砖样式

★ 釉面砖的鉴别与选购

釉面砖的产品种类很多，从事釉面砖生产的厂家也特别多，每年的新产品层出不穷，价格参差不齐，在选购时要特别注意识别技巧。

步骤1 **观察外观**

从包装箱内拿出多块砖，平整地放在地上。砖体平整一致，对角处嵌接整齐，没有尺寸误差与色差的就是上品。

步骤2 **看背面颜色**

瓷质釉面砖的背面应呈现出灰白色，而陶质釉面砖的背面应该是土红色的。

步骤3 **测量尺寸**

在铺装时应采取无缝铺装工艺，这对瓷砖的尺寸要求很高，最好使用卷尺检测不同砖块的边长是否一致。

步骤4 **提角敲击**

优质的釉面砖不会轻易有裂痕，敲击所发出的声音也比较清脆，而劣质的釉面砖敲击后所传出的声音是十分低沉的，因为砖体密度较低，中间存在空隙。

↑色差对比。取几块釉面砖样品，平整地放在地上，优质产品图案纹理细腻，不同砖体表面没有明显的缺色、断线、错位等，且色差不大

↑观察背面。不同的釉面砖背面色彩不同，在选购时应仔细查看釉面砖背面的色泽，确认是否是施工所需的那一种釉面砖

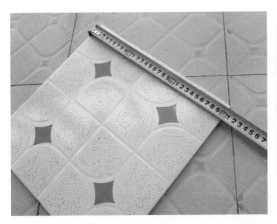

↑测量尺寸。取釉面砖样品，用卷尺测量釉面砖的尺寸，检查四边尺寸是否符合标准尺寸，测量时注意与边角平行

↑敲击边角。用手指垂直提起釉面砖的边角，让釉面砖自然垂下，用另一手指关节部位轻敲釉面砖中下部，根据声音清脆度可以判断釉面砖的质量优劣

步骤5　背部湿水

　　优质釉面砖密度较高，吸水率低，强度好，而低劣釉面砖密度很低，吸水率高，强度差，且铺装完成后，黑灰色的水泥色彩会透过砖体显露在表面。

←测量吸水率。将釉面砖背部朝上，滴入少许淡茶水，如果水渍扩散面积较小则为上品，反之则为次品

★选材小贴士

釉面砖保养方法

　　在日常使用中，釉面砖要注意清洁保养，如果是凹凸感很强的釉面砖，凹凸缝隙里面容易积压很多灰尘，可以使用尼龙刷子刷净，针对茶水、冰淇淋、咖啡、啤酒等长期残留的污渍可以使用瓷砖专用清洁剂清洗；釉面砖上沉淀的铁锈污渍则可使用除锈剂去除。

↑ 釉面砖在厨房整体铺装的目的就是追求洁净，一般以浅色、中灰为主

1.1.2　通体砖

通体砖又称为无釉砖，是表面不施釉的陶瓷砖，因此正反两面材质与色泽一致，只不过正面有压印的花色纹理，目前多数防滑陶瓷砖都属于通体砖。现代通体砖的品种很多，部分产品还超出了陶瓷砖的用料范围。这些砖是采用岩石碎屑经高压制成，表面抛光后坚硬度可与石材相比，吸水率更低，耐磨性更好。

（1）渗花砖　渗花砖是通体砖的一种。渗花砖表面颜料的着色方式与常规釉面砖不同，一般釉面砖用的陶瓷颜料多为固体颗粒，它附着在制品表面。而渗花砖用的颜料是能制成可溶性的氯化物或硝酸盐，将这些可溶性的着色盐类加入添加剂调成具有一定稠度的印花剂，通过丝网印刷的方法将它印刷到砖坯上。这些可溶性的着色印花剂随着水分一起渗透到砖坯内部，烧成后即成渗花砖。

由于着色物质能渗透到砖坯内部达2mm厚，所以虽经抛光仍不会丢失图案。由于渗花砖所用的颜料需要随着制品一起经1200℃高温烧成，并且这类颜料能形成可溶性盐，因此可选用的颜料品种不多，故渗花砖的装饰颜色不算丰富，但是颜色却可以经久不褪色。

↓渗花砖样式　　　　↑渗花砖（一）　　　　↑渗花砖（二）

现代家居装修一般不采用渗花砖铺装在厨房、卫生间等潮湿空间，只是局部用于光线较暗的门厅、走道、楼梯间。对于面积较大的庭院、露台也可以选用渗花砖，价格低廉。

↑ 渗花砖展示　　　　　　　↑ 渗花砖地面铺装

渗花砖的光泽度不高，一般呈磨砂状或亚光状，使用时间较长时，污迹、灰尘会渗透到砖体中去，造成很脏很旧的效果。因此，现在很多渗花砖产品表面被加工成波纹状、凸凹状等纹理，且色彩以灰色系列为主，具有一定的使用价值。

现代渗花砖多用于地面铺装，属于瓷质品，规格一般为300mm×300mm×6mm、500mm×500mm×6mm、600mm×600mm×8mm等，中档瓷质渗花砖的价格为40～60元／m²。

★ 渗花砖的鉴别与选购

步骤1　观察平整度

将4块砖平整摆放在地面上，观察边角是否能完全对齐，平整摆放后看是否有起翘、波动感。如观察不准，可以用卷尺仔细测量各砖块的边长与厚度，看是否一致，优质产品的边长尺寸误差应＜1mm。

步骤2　观察颜色差异

观察4块砖表面是否有色差、砂眼、缺棱少角等缺陷，同时观察侧壁与背面，看质地是否均匀一致，同等重量的渗花砖从侧面看，砖体比较薄的质量更好。

步骤3　听声音

可以提起一块砖，用手指关节敲击砖体的中下部位，声音清脆的即为优质产品，声音清脆程度与优质釉面砖相当，但是与玻璃相比较弱。

★渗花砖的安装施工

渗花砖以仿天然大理石为主,自然美观,纹理流畅;款式花样多,选择余地大;价格实惠,是通体砖中最便宜的一种。渗花砖的装饰效果富丽豪华、金碧辉煌、素洁淡雅、清新自然,集天然花岗岩、天然大理石、彩釉砖的装饰效果于一身。

步骤1

施工时,铺装渗花砖后应尽快采用白水泥或勾缝剂填补缝隙,注意控制勾缝剂的用量。

步骤2

待干燥后,可采用白水泥掺和锯末铺撒在渗花砖表面,用于保持表面干燥,防止后续施工破坏砖体表面,也可以在砖体表面铺上一层包装箱纸板用于防止划伤。

★选材小贴士

釉面砖与通体砖的区别

釉面砖最大的优点是防渗、不怕脏,大部分的釉面砖的防滑度都非常好,而且釉面砖表面还可以烧制各种花纹图案,风格比较多样。但是釉面砖的耐磨性比通体砖差,通体砖的密度比釉面砖大,规格可以做得更大,适用于家居客厅、餐厅地面铺装。

↑通体渗花砖

↑哑光釉面砖

↑通体渗花砖客厅铺装

↑高光釉面砖

（2）微粉砖　微粉砖是一种全新通体砖，也可以认为是一种更高档的通体砖。目前，市场上还出现了超微粉砖，它的基础材料与微粉砖一样，只是表面材料的颗粒单位体积更小，只相当于一般通体砖原料颗粒的5%左右，这一点从侧面可以看得很明显。

超微粉砖的生产融入了先进的工艺与技术，大大改善了传统通体砖花色图案单调、呆板、砖体表面光泽度差、耐磨性差、防污抗渗能力低等弊端。超微粉砖的花色图案自然逼真，石材效果强烈，采用超细的原料颗粒，产品光洁耐磨，不易渗污。

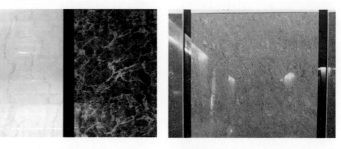

↓微粉砖样式　　　　　↑微粉砖（一）　　　　↑微粉砖（二）

超微粉砖的显著特点就是每一块砖材的花纹都不同，但整体非常的协调、自然，这也是区分普通通体砖的重要标识。常见的渗花砖、抛光砖、玻化砖的表面纹理呈重复状，即任意两片砖上的纹理一模一样，而微粉砖、超微粉砖产品中加入了石英、金刚砂等矿物骨料，所呈现的纹理为随机状，看不出重复效果。虽然现在市面上也有仿超微粉砖，粗看类似超微粉砖，但是仔细观察后就不难发现每片的纹理都一样。

现在在超微粉砖的基础上还开发出了聚晶微粉砖，聚晶微粉砖是在烧制过程中融入了一些晶体熔块或颗粒，是属于超微粉砖的升级产品。这种产品除了具备超微粉砖的特点外，在产品的外观上立体效果更加突出，更加接近天然石材。当然，这只是在产品的装饰效果上有所区别，其产品性能与超微粉砖没有太大差距。微粉砖及系列产品由于胚体的颗粒更小、更细，其胚体颗粒的排列更紧密，密度也更大一些，其防污性能比渗花砖更加优越。

微粉砖的尺寸规格一般都比较宽大，通常为600mm×600mm×8mm、800mm×800mm×10mm、1000mm×1000mm×10mm、1200mm×1200mm×12mm，中档产品的价格为100~200元/㎡。

↑ 微粉砖地面铺装（一）

↑ 微粉砖地面铺装（二）

★ 微粉砖的鉴别与选购

步骤1

选购微粉砖时要注意与其他通体砖产品区分，微粉砖的显著特征是表面纹理不重复，正反色彩一致，完全不吸水，泼洒各种液体至砖体表面、背面均不会出现任何细微的吸入状态。

步骤2

可以采用尖锐的钥匙或金属器具在其表面磨划，不会产生任何划痕的为优质品。

步骤3

优质产品的色彩更加亮丽、明快，中低档产品稍显黯淡。由于这类产品普遍价格较高，可以上网对照厂商提供的各地经销商地址上门购买。

↑泼水测试。取微粉砖样品，在其表面倒上少量清水，观察清水是否顺流而下，在微粉砖表面是否有残留

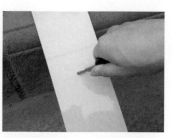

↑模拟测试。取微粉砖样品，采用尖锐的钥匙或金属器具在其表面磨划，优质微粉砖不会产生任何划痕

↑记号笔涂画。用油性记号笔测试砖材的防污能力，如果轻轻擦拭就能去除笔迹，说明质量不错

↑砂纸打磨。取微粉砖样品，用0#砂纸打磨砖体表面，不掉粉尘的为优质产品

↑↓微粉砖色彩花纹较少，颗粒细腻，可以选用2～3种颜色产品分块拼接铺装，形成良好的视觉效果

1.1.3 抛光砖

抛光砖是通体砖坯体的表面经过打磨而成的一种光亮的通体砖。其是由黏土与石材粉末经压制，然后经过烧制而成。抛光砖正面与反面色泽一致，不上釉料。相对传统渗花通体砖，抛光砖表面要光洁很多。

↑抛光砖

抛光砖坚硬耐磨，无放射元素，用于室内地面铺装，可以取代传统天然石材，因为石材未经高温烧结，故个别含有微量放射性元素，长期接触会对人体有害。抛光砖在生产过程中，基本可控制无色差，同批产品花色一致。

抛光砖抗弯曲强度大，在生产过程中由数千吨液压机压制，再经1200℃以上高温烧结，强度高、砖体薄、重量轻，具有防滑功能，但在生产时留下的凹凸气孔会藏污纳垢，造成表面很容易渗入污染物，甚至将茶水倒在抛光砖上都会渗透至砖体中。

抛光砖一般用于相对高档的家居空间，商品名称很多，如铂金石、银玉石、钻影石、丽晶石、彩虹石等。它与渗花砖的区别主要在于表面的平整度，抛光砖虽然也有亚光产品，但是大多都为高光，比较光亮、平整，一般都有超洁亮防污层。渗花砖多为亚光或具有凹凸纹理的产品，表面只是平整而无明显反光。

↓抛光砖样式

抛光砖的规格通常为300mm×300mm×6mm、600mm×600mm×8mm、800mm×800mm×10mm等，中档产品的价格为60~100元／m²。抛光砖的选购方法与渗花砖一致。

↑ 抛光砖踢脚线

↑ 抛光砖展示

↑ 抛光砖地面铺装

★选材小贴士

抛光砖的优势

抛光砖重量较轻，施工比较方便，装饰效果也较好，与渗花砖相比，性价比会稍微好一点，比较适合大众选用，但在使用时仍需要做好日常保养工作。

★抛光砖的鉴别与选购

步骤1 看产品标识

仔细查看抛光砖的产品标识，优质的抛光砖包装上的产品参数及环保指数等都应清晰地标明，字迹不应模糊不清。

步骤2 看尺寸

规范的尺寸，不光利于施工，更能体现装饰效果，好的抛光砖规格偏差小，铺贴后整齐划一，砖缝平直，装饰效果良好。

步骤3 看色泽度和图案

可以查看抛光砖的色泽均匀度和表面的光洁度，优质的抛光砖花纹、图案和色泽都清晰一致，工艺十分细腻精致，不会出现明显漏色、色差、错位、断线或深浅不一现象。

↑测量尺寸。尺寸是否标准是判断抛光砖优劣的关键，可以用卷尺或卡尺测量抛光砖的对角线和四边尺寸及厚度是否均匀

↑查看平整度。将抛光砖置于平整面上，看其四边是否与平整面完全吻合，同时，看瓷砖的四个角是否均为直角

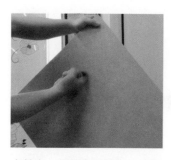

↑观察色泽。从一箱中抽出几片抛光砖，在充足的光线条件下肉眼查看有无色差、变形及缺棱少角等

↑抗摩擦测试。用钥匙轻刮抛光砖表面，表面细密且质地较硬，没有划痕的为优质抛光砖

↑敲击。可用左手拇指、食指和中指夹住抛光砖一角，轻松垂下，用右手食指轻击抛光砖中下部，声音清脆、悦耳的为优质品

↑滴墨水。将墨水滴于抛光砖正面，静放一分钟后用湿布擦拭，砖面光亮如镜，则表示抛光砖易清洁，为优质品

步骤4　看硬度

抛光砖以硬度良好、韧性强、不易碎烂为上品，劣质的抛光砖极易碎裂，使用寿命较短。

步骤5　听敲击的声音

好的抛光砖，声音脆响，瓷质含量较高，这类抛光砖也便于施工，安装出来的效果会更加具有装饰性，也更规范。

步骤6　看抗污能力

优质的抛光砖具备很好的抗污能力，表面覆盖有污染物时，很容易就可以擦除干净，且不会遗留下污渍。

1.1.4 玻化砖

玻化砖又称为全瓷砖，是通体砖表面经过打磨而成的一种光亮瓷砖，属通体砖中的一种。玻化砖为多晶材料，具有很高的强度与硬度，其表面光洁而又无需在生产过程中抛光，因此不存在抛光时产生的大气孔导致污染问题，是一种健康环保的材料。

不少玻化砖具有天然石材的质感，而且具有高光度、高硬度、高耐磨、吸水率低、色差少等优点，其色彩、图案、光泽等都可以人为控制，产品结合了欧式与中式风格，色彩多样，无论装饰于室内或是室外，均为现代风格，铺装在墙地面上能起到隔音、隔热作用，而且比大理石轻便。

目前，玻化砖以中大尺寸产品为主，产品最大规格可以达到1200mm×1200mm，主要用于大面积客厅。产品有单一色彩效果、花岗岩外观效果、大理石外观效果、印花瓷砖效果等，以及采用施釉玻化砖装饰法、粗面或施釉等多种新工艺产品。

↓玻化砖样式　　　　　↑玻化砖展示　　　　　↑玻化砖地面铺装

↑玻化砖应用于室内，具有比较好的装饰效果

↑打蜡抛光后的玻化砖更具有防污性能

★ 玻化砖的鉴别与选购

↑将两片玻化砖面对面紧贴在一起，用手将两者分开，如果吸力很强，不容易分开，则说明表面平整度高，反之则表明表面平整度不好，这是玻化砖区别于其他砖材明显之处

玻化砖尺寸规格一般较大，通常为600mm×600mm×8mm、800mm×800mm×10mm、1000mm×1000mm×10mm、1200mm×1200mm×12mm，中档产品的价格为80~150元／m²。

在施工完毕后，要对砖面进行打蜡处理，3遍打蜡后进行抛光，以后每3个月或半年打蜡1次，否则酱油、墨水、茶水等液态污渍会渗入砖面后留在砖体内，形成花砖。为了避免玻化砖表面太光滑，稍有水滴就使人摔跤，以及部分产地的高岭土辐射较高，因此，购买时最好选择知名品牌。

玻化砖特有的微孔结构是它的较大缺陷，目前一些厂家使用了纳米填充材料对砖的表面气孔进行填充，能在一定程度上解决这个问题，但是成本相对就要高一些。

步骤1　听声音

一只手悬空提起瓷砖的边角，另一只手敲击瓷砖中间，如果发出清脆响亮的声音，可以认定为玻化砖；如果发出的声音浑浊、回音较小且短促，则说明瓷砖的胚体原料颗粒大小不均，为普通抛光砖。

步骤2　试手感

相同规格、相同厚度的瓷砖，手感较重的为玻化砖，手感轻的为抛光砖。根据这一点可以将两片玻化砖掂量比较。还可以将两片玻化砖面对面紧贴，测试表面紧密程度。

步骤3　观察背面

优质玻化砖质地应均匀细致，玻化砖吸水率≤0.5%，吸水率越低，玻化程度越好。

步骤4　注重品牌

选择品牌产品，市场上的知名品牌产品均能在网上搜索到，其色泽、质地应该与经销商的产品完全一致，这样能有效地识别真伪。

1.1.5 仿古砖

仿古砖是从彩色釉面砖演化而来的产品，实质上还是上釉的瓷质砖，因此，仿古砖也属于普通釉面砖。唯一不同的是，仿古砖在烧制过程中，所追求的技术含量要求相对较高，它是经过数千吨液压机压制后，再经数千度高温烧结而成，从而具有了高强度、极其耐磨的优秀性能。

仿古砖与普通的釉面砖相比，其差别主要表现在釉料的色彩上。仿古砖的最终色调以黄色、咖啡色、暗红色、土色、灰色、灰黑色等为主，图案以仿木、仿石材、仿皮革为主，也有仿植物花草、仿几何图案、仿织物、仿墙纸、仿金属等。

仿古砖的设计图案、色彩是所有装饰面砖中最为丰富多彩的产品。仿古砖多采用自然色彩，尤其是采用单一或复合的自然色彩，自然色彩多取自于土地、大海、天空等颜色，如砂土的棕色、棕褐色、褐红色；树叶的绿色、黄色、橘黄色；水与天空的蓝色、绿色等，这些色彩常被用在仿古砖的釉面装饰上。

在现代家居装修中，仿古砖的应用非常广泛，可以用于面积较大的门厅、走道、客厅、餐厅等空间的地面铺装，还可以在具有特殊设计风格的厨房、卫生间墙地面铺装。如果同时用于墙、地面铺装，一般应选用成套系列的产品，这样视觉效果更统一，装修品质也更高。

↓仿古砖样式

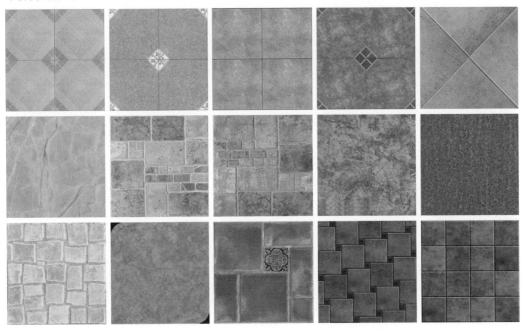

↑仿古砖

↑仿古砖展示

仿古砖的规格与常规釉面砖、抛光砖一致，用于墙面铺装的仿古砖规格为250mm×330mm×6mm、300mm×450mm×6mm、300mm×600mm×8mm等，用于地面铺装的仿古砖规格为300mm×300mm×6mm、600mm×600mm×8mm，此外，不少品牌产品还设计出特殊规格用于拼花铺装，具体规格根据厂家设计而定制。中档仿古砖价格为80～120元／m^2，带有特殊规格拼花砖的产品价格要上浮20%～50%。

↑仿古砖卫生间铺装　　　↑仿古砖地面铺装

★仿古砖的鉴别与选购

步骤1　**表面色彩饱和度高**

仿古砖表面釉层色彩鲜艳，饱和度高，装饰效果强烈，是多次上釉制成的，普通釉面砖则没有这么高的饱和度。

步骤2　**观察凸凹纹理**

优质仿古砖的凸凹纹理边缘锐利清晰，具有很强的立体效果，而低端廉价产品的凸凹纹理比较模糊，其他性能可以参考前面釉面砖的识别方法来选购。

↑仿古砖废料可以用来制作装饰画

★选材小贴士

仿古砖防滑

抛光砖表面抛光后，几乎都解决不了防滑的问题，仿古砖就正好可以解决这个问题。所以在公共场所，仿古砖使用率逐步提升，家庭中由于存在老年人和小孩滑倒问题其使用率也在逐步提高。

↑大规格抛光砖、玻化砖、仿古砖是现代家居装修的主流产品，不仅用于地面，还可以用于墙面、家具台柜等表面装饰，反光并不明显，适用于不同装修风格

1.1.6 劈离砖

劈离砖又称劈开砖或劈裂砖，劈离砖的强度高，吸水率≤6%，表面硬度大，防潮防滑，耐磨耐压，耐腐抗冻，急冷急热性能稳定。劈离砖坯体密实，背面凹纹与黏结砂浆完美结合，能保证铺装时粘接牢固。

劈离砖种类很多，色彩丰富，颜色自然柔和，表面质感变幻多样，或细质轻秀，或粗质浑厚，表面上釉的产品光泽晶莹，富丽堂皇；表面无釉的产品质朴典雅，无反射眩光。

按表面的粗糙程度分为光面砖与毛面砖两种，前者坯料中的颗粒较细，产品表面较光滑和细腻；而后者坯料颗粒较粗，产品表面有突出的颗粒与凹坑。按用途来分可分为墙面砖与地面砖两种，按表面形状可分为平面砖与异形砖两种。

↑光面劈离砖（一）

↑光面劈离砖（二）

↑毛面劈离砖（一）

↑毛面劈离砖（二）

★选材小贴士

劈离砖的运用

劈离砖可用于建筑的内墙、外墙、地面、台阶、地坪及游泳池等建筑部位，厚度较大的劈离砖特别适用于公园、广场、停车场、人行道等露天地面的铺设。

大多数劈离砖表面为土红色或黏土砖的色彩，在家居装修中，主要用于阳台、庭院等户外空间的墙面、构造铺装，也可以根据设计风格局部铺装在各种立柱和墙面上，用于仿制黏土砖的砌筑效果，能够给人一种很浓郁的怀旧感。室外铺装多用水泥砂浆，如果需要在室内施工，而又不是厨房、卫生间等潮湿空间，可以采用瓷砖胶进行粘贴。

劈离砖的主要规格为240mm×52mm、240mm×115mm、194mm×94mm、190mm×190mm、240mm×115mm等，厚8～13mm不等，价格为30～40元／m²。如果铺装用量较大，劈离砖的规格与样式也可以与生产厂家协议订购。

步骤1 **表面外观平整度**

选购劈离砖主要注意产品的平整度与尺寸的精度，多数劈离砖产品表面并不十分平整，那是因为要仿制出黏土砖的砌筑效果，但是也不能完全变形。

步骤2 **形态统一**

观察多块劈离砖表面，其起伏形态应该一致，此外，边角应当完整而不残缺。

★劈离砖的鉴别与选购

↑劈离砖适用于阳台、庭院的外墙、构造表面铺贴，价格低廉，由于规格较小，可以拼接成各种形态

↑劈离砖竖向铺贴时，应当在转角处镶嵌铝合金阳角边条，以免砖块长边暴露在凸角处容易风化而导致脱落

1.1.7 彩胎砖

彩胎砖又称为耐磨砖，是一种本色无釉的瓷质墙、地饰面砖，是一种全新的品种。彩胎砖是将彩色颗粒土原料混合配料，压制成坯体后，经一次烧结成形。

★彩胎砖的鉴别与选购

由于彩胎砖花色品种并不艳丽，施工时务必做精确放线定位，否则铺装后会显得十分零乱，可以在其中穿插铺装不同颜色的彩胎砖，提升视觉审美效果。

↓彩胎砖样式

彩胎砖表面呈多彩细花纹的表面，富有天然花岗岩的纹理特征，有红、绿、蓝、黄、灰、棕等多种基色，多为浅灰色调，纹理细腻，色调柔和莹润，质朴高雅。彩胎砖表面有平面型与浮雕型两种，可分无光型、磨光型、抛光型，吸水率一般＜1%，耐磨性很好。

彩胎砖由于比较耐磨，主要用于门厅、走道、厨房、阳台、庭院等公共空间的墙、地面铺装，也可以与玻化砖等光亮的砖材组成几何拼花。彩胎砖的最小规格为100mm×100mm，最大规格为600mm×600mm，厚度为5~10mm不等，价格为40~50元／m²。

步骤1 **表面完整**

彩胎砖的市场占有率不高，质量比较均衡，选购时注意外观完整性即可。

步骤2 **表面干净**

由于彩胎砖表面无釉，在使用中要防止酸、碱含量高的溶液对它造成腐蚀。

↑彩胎砖铺装（一）

↓彩胎砖铺装（二）

1.1.8 麻面砖

麻面砖又称为广场砖，属于通体砖的一种。麻面砖的表面酷似经人工修凿过的天然岩石面，纹理自然，粗犷质朴，颜色丰富。

麻面砖按用途一般可以分为地面砖、墙面砖两种。其中地面砖较厚，经过严格的选料，采用高温慢烧技术制成，其耐磨性好，抗折强度高。麻面砖吸水率<1%，具有防滑耐磨特性。墙面砖较薄，表面粗犷、防滑，系列品种丰富，通过不同规格、各种颜色的灵活巧妙设计，可以拼贴出丰富多彩、风格迥异的图案，可满足各种装饰需要。

麻面砖由于特别耐磨、防滑，并具有装饰美观的性能，广泛用于家居装修的阳台、庭院、露台等户外空间的墙、地面铺装，还适合住宅出入口、停车位、楼梯台阶、花坛等表面铺装。在铺装过程中，可以根据设计要求做彩色拼花设计。

方形麻面砖常见边长规格为100mm、150mm、200mm、250mm、300mm等，地面砖厚10~12mm，墙面砖厚5~8mm。6mm厚的墙面砖价格为40~50元／m^2。麻面砖施工时要对铺设表面处理平整，做精确放线定位，避免铺装错位，砖块之间一般保留5~10mm间隙，并采用高标号水泥或专用填补剂修整。将水泥或填补剂整体涂抹至麻面砖表面后，在未完全干燥前要及时用抹布擦除砖体表面水泥或填补剂，以便形成平整的勾缝效果。

↑ 麻面砖样式

↓ 麻面砖地面铺装

★ **麻面砖的鉴别与选购**

步骤1　**测量尺寸**

　　进行常规测量、观察，检查砖材外观质量，并要特别注意麻面砖的密度。

步骤2　**防污和抗摩擦测试**

　　将酱油等有色液体滴落在砖体表面，不会有浸入感的为优质品。用0#砂纸用力打磨砖体边角，优质产品不应产生粉尘。

步骤3　**抗打击测试**

　　如果条件允许，可将规格为100mm×100mm×10mm的地面砖用力往地面上摔击，优质品不应产生破碎或有破角。

↑ 麻面砖墙面铺装时需对齐中线，并勾缝合适

↑ 卷尺测量麻面砖四边尺寸，并与产品信息对比

↑ 在麻面砖上倒上些许酱油，观察酱油是否渗漏

↑ 使用砂纸打磨麻面砖，观察是否有划痕和粉末产生

→墙面铺贴小块劈离砖，与地面仿古砖搭配具有强烈的复古气息

→仿红砖小块劈离砖，床头搭配具有强烈传统文化的青花仿古砖，仿佛一觉睡醒就回到了30年前

★ 墙面砖的安装施工

　　首先，清理墙面基层，选出用于墙面铺贴的瓷砖浸泡在水中2h后取出晾干。然后，配置1∶1水泥砂浆或素水泥待用，对铺贴墙面洒水，并放线定位，精确测量转角、管线出入口的尺寸并裁切瓷砖。接着，在瓷砖背部涂抹瓷砖胶或素水泥，从下至上准确粘贴到墙面上，保留的缝隙要根据瓷砖特点来定制。最后采用瓷砖专用填缝剂填补缝隙，使用干净抹布将瓷砖表面擦拭干净，养护待干。

↑陶瓷砖水中浸泡2h

↑墙面放线定位并涂刷无醛胶水

↑墙面浸湿并预铺装

↑根据尺寸切割

↑瓷砖背面涂抹素水泥或瓷砖胶

↑陶瓷砖贴上墙

↑调整表面平整度

↑校正平整度

↑橡皮锤敲击平整度

↑切割出开关插座面板

↑留出电线孔洞

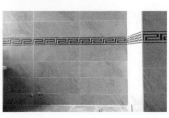

↑铺贴完毕并填缝

★ 地面砖的安装施工

首先，清理地面基层，铲除水泥疙瘩，平整墙角，但是不要破坏楼板结构，选出具有色差的砖块。然后，配置1：2.5水泥砂浆待干，对铺贴墙面洒水，放线定位，精确测量地面转角与开门出入口的尺寸，并对瓷砖进行裁切。普通瓷砖与抛光砖仍须浸泡在水中2h后取出晾干，将地砖预先铺设并依次标号。接着，在地面上铺设平整且黏稠度较干的水泥砂浆，依次将地砖铺贴到地面上，保留缝隙根据瓷砖特点来定制。最后，采用专用填缝剂填补缝隙，使用干净抹布将瓷砖表面的水泥擦拭干净，养护待干。

↑地面清扫干净

↑陶瓷砖水中浸泡2h

↑干质水泥砂浆地面铺装

↑预铺装

↑瓷砖背面使用素水泥或瓷砖胶

↑对齐铺贴

↑橡皮锤敲击平整度

↑校正平整度

↑铺贴完毕并填缝

1.2 玻璃砖

1.2.1 玻璃锦砖

玻璃锦砖又称为玻璃马赛克、玻璃纸皮砖，它是一种小规格彩色饰面玻璃，是具有多种颜色的小块玻璃镶嵌材料。

玻璃锦砖有无色透明、着色透明、半透明等多种产品，最具特色的是带金属色斑点、花纹或条纹的产品，能增显装修空间的档次。

↓玻璃锦砖样式　　→玻璃锦砖

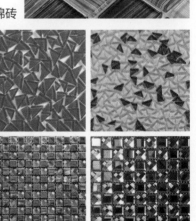

　　玻璃锦砖正面光泽滑润细腻，背面带有较粗糙的槽纹，以便用于粘贴铺装。玻璃锦砖的特性是色泽绚丽多彩、典雅美观、质地坚硬、性能稳定，具有耐热、耐寒、耐候、耐酸碱等性能，施工方便。玻璃锦砖产品主要包括水晶玻璃马赛克、金星玻璃马赛克、珍珠光玻璃马赛克、云彩玻璃马赛克、金属马赛克等。

　　玻璃锦砖表面光洁晶莹，特别适合厨房、卫生间、门厅墙面局部铺装，与其他釉面砖、抛光砖形成质感对比，能营造出高档、华丽的家居氛围，尤其在比较昏暗的灯光下，更具有装饰特色。

　　玻璃锦砖的规格多样，不同厂商开发的产品各异，一般单片锦砖的通用规格为边长300mm，其中小块玻璃规格不定，边长为10～50mm不等，小块玻璃的厚度为3～5mm，小块玻璃之间的间距比较均衡，一般为3mm左右。价格为25～40元／片。

↑玻璃锦砖展示

↑玻璃锦砖餐厅铺装

↑玻璃锦砖卫生间铺装

★选材小贴士

玻璃锦砖的运用

　　设计中如果辅助匹配紫光灯、节能灯、日光灯进行针对性照射，在刚刚关灯后，建筑物本身会有翡翠玉石一般晶莹剔透的感觉，通透发光，静谧深邃，夜色中为建筑本身增添异常神秘色彩及无限浪漫情调。

★ 玻璃锦砖的鉴别与选购

↑测量尺寸。可以用卷尺仔细测量锦砖的边长，并与标准产品做对比，查看误差，误差不大为优质品，反之为劣质品

★ 玻璃锦砖的安装施工

↑剥揭测试。可以反复褶皱小砖块，以不掉砖为优质产品，或将锦砖放置在水中浸泡30min后，用手剥揭，优质品能顺利脱离玻璃纤维网

步骤1　观察外观

将2～3片锦砖平放在采光充足的地面上，目测距离为1m左右，优质产品应无任何斑点、黏疤、起泡、坯粉、麻面、波纹、缺釉等缺陷。

步骤2　测量尺寸

用卷尺测量，用卷尺仔细测量锦砖的边长，标准产品的边长为300mm，各边误差应≤2mm，特殊造型锦砖除外。

步骤3　检查粘贴的牢固度

锦砖上的各种小块材料都粘贴在玻璃纤维网或牛皮纸上，可以用双手拿捏在锦砖一边的两角上，使整片锦砖直立，然后自然放平，反复5次，以不掉砖为优质产品。

步骤4　检查脱离质量

锦砖铺装后要将玻璃纤维网或牛皮纸顺利剥揭下来，才能保证铺装的完整性。

步骤1　整体铺贴

将瓷砖胶刮涂在墙面上，再将玻璃锦砖用刮板平铺到墙面上，贴平。

步骤2　填缝

调和填缝剂并刮入缝隙，待半干固时用抹布擦拭干净。

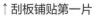
↑刮板铺贴第一片

↑对齐铺贴下一片

↑擦拭干净

↑开挖线盒孔

1.2.2 空心玻璃砖

空心玻璃砖一直是玻璃砖的总称。空心玻璃砖的主要原料是高级玻璃砂、纯碱、石英粉等硅酸盐无机矿物，原料经过高温熔化，并经精加工而成。空心玻璃砖在生产中可以根据设计要求来定制尺寸、大小、花样、颜色。无放射性物质与刺激性气味，属于绿色健康的材料。

空心玻璃砖主要有透明玻璃砖、雾面玻璃砖、纹路玻璃砖几种产品，玻璃砖的种类不同，光线的折射程度也会有所不同。空心玻璃砖具有隔音、隔热、防水、节能、透光良好等特点，属于非承重装饰材料，装饰效果高贵典雅、富丽堂皇。一般家居空间都不希望无光线的房间出现，即使走道也希望有光线。采用空心玻璃砖砌筑隔墙，既有区分作用，又能将光引领入室内。

空心玻璃砖透光性好，能起到延续空间的作用。无论是单块镶嵌使用，还是整片墙面使用，皆可有独特的装饰效果。如果将玻璃砖用于外墙、外窗砌筑，可将自然采光与室外景色融为一体，并带入室内。空心玻璃砖强度高、耐久性好，能经受住风的袭击，不需要额外的维护结构就能保障安全性。空心玻璃砖可以依照尺寸的变化设计出直线墙、曲线墙及不连续墙。

↑空心玻璃砖

↑空心玻璃砖卫生间隔断

空心玻璃砖不仅可以用于砌筑透光性较强的墙壁、隔断、淋浴间等，还可以应用于外墙或室内间隔，为使用空间提供良好的采光效果，并有延续空间的感觉。无论是单块镶嵌使用，还是整片墙面使用，皆可有画龙点睛之效。玻璃砖的边长规格一般为195mm，厚度为80mm，价格为15～25元／片。

↑ 空心玻璃砖走道隔墙　　　↑ 空心玻璃砖楼梯隔断

★空心玻璃砖的鉴别与选购

步骤1　查看外观

在实心玻璃砖的选购中，外观识别是重点，玻璃砖的表面品质应当精致、细腻，不能存在裂纹，玻璃坯体中不能有不透明的未熔物，两块玻璃体之间的熔接应当完全密封，不能出现任何缝隙。

步骤2　看砖体表面

目测砖体表面，不能出现涟漪、气泡、条纹等瑕疵。

步骤3　观察凹陷程度

玻璃砖表面向内部凹陷应＜1mm，外凸应＜2mm，外观无翘曲及缺口、毛刺等缺陷，角度应平直。

步骤4　卷尺测量

可以用卷尺测量实心玻璃砖砖体各边的长度，看是否符合产品包装上标出的尺寸，误差应＜1mm。

↑ 抚摸砖体表面，感受凹凸程度　　↑ 测量实心玻璃砖边长，并与标准尺寸对比

↑空心玻璃砖幕墙

↑空心玻璃砖淋浴间

★空心玻璃砖的安装施工

施工时，除了≤2m²的小面积室内砌筑外，空心玻璃砖之间应采用钢筋做骨架，辅助白水泥或玻璃胶粘接，否则会影响承载强度。

↑采用支架间隔

↑缝隙内水泥砂浆饱满

↑大面积砌筑要穿插钢筋

↑呈阶梯状砌筑

↑不足一块砖时用砖体砌筑填补

↑周边砌筑墙体加固为佳

↑砌筑完毕填缝

装饰面砖一览 ●大家来对比●

品　种	性　能　特　点	适用部位	价　格
釉面砖	质地均衡，适应性强，价格低廉，适用面广	厨房、卫生间、阳台墙地面铺装	40~60元 / m²
渗花砖	表面平整，比较耐磨，不褪色，花色品种丰富，不耐污染，价格低廉	室内外墙地面铺装	40~60元 / m²
微粉砖	表面特别光滑，特别耐磨，不易磨花，花色品种多，持久耐污染，价格较高	室内大面积地面铺装	100~200元 / m²
抛光砖	表面光洁，耐磨，不褪色，花色品种多，不耐污染，价格适中	室内大面积地面铺装	60~100元 / m²
玻化砖	表面光滑，比较耐磨，不易磨花，花色品种多，持久耐污染，价格适中	室内大面积地面铺装	80~150元 / m²
仿古砖	表面凸凹不平，有压纹，花色品种丰富，形态规格多样，装饰效果独特	室内外墙地面铺装	80~120元 / m²
劈离砖	轻盈小巧，密度适中，具有古朴韵味，体块较小	庭院、阳台墙面与构造表面	厚8~13mm 30~40元 / m²
彩胎砖	质地浑厚、结实，材质较单一，体块较大	庭院、阳台墙面与构造表面	40~50元 / m²
麻面砖	硬朗结实，色彩多样，效果变化丰富，形态完整，具有一定防滑效果	庭院、阳台墙面与构造表面	厚6mm 40~50元 / m²
玻璃锦砖	晶莹透彻，色彩丰富，装饰效果极佳	厨房、卫生间、阳台墙面铺装	300mm×300mm×5mm 25~40元 / 片
空心玻璃砖	质地浑厚，结实坚固，晶莹透彻，纹理色彩多样，具有隔音功能	厨房、卫生间、餐厅、走道等空间局部砌筑隔墙	195mm×195mm×80mm 15~25元 / 片

第2章
石材

识读难度： ★★★★☆

核心概念： 花岗岩、大理石、艺术石材、人造石材

章节导读： 天然石材种类繁多，不受颜色、外观、尺寸以及使用年限等因素的影响，在装饰材料中占据着特殊的地位，主要包括花岗岩与大理石，此外还有用于特殊场合的艺术石材。天然石材具有厚实的质地、光洁的表面、丰富的色彩，广泛用于家居空间的室内外装修。但是天然石材属于不可再生材料，因此价格较高，在选购时要注意识别品质，务必选用质地紧密、安全环保的产品。

2.1 花岗岩

花岗岩又称为岩浆岩或火成岩，主要成分是二氧化硅，矿物质成分由石英、长石、云母与暗色矿物质组成。

花岗岩具有良好的硬度，抗压强度好，耐磨性好，耐久性高，抗冻、耐酸、耐腐蚀，不易风化，表面平整光滑，棱角整齐，色泽持续力强且色泽稳重、大方。优质花岗岩质地均匀，构造紧密，石英含量多而云母含量少，不含有害杂质，长石光泽明亮，无风化现象。花岗岩的一般使用年限约数十年至数百年，是一种较高档的装饰材料。

↑花岗岩矿料

↑花岗岩铺地

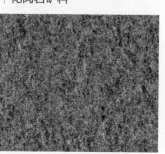

↑细晶花岗岩

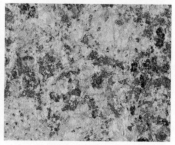

↑斑状花岗岩

花岗岩按晶体颗粒大小可分为细晶、中晶、粗晶及斑状等，其中细晶花岗岩中的颗粒十分细小，目测粒径均小于2mm，中晶花岗岩的颗粒粒径为2～8mm，粗晶花岗岩的颗粒粒径大于8mm，至于斑状花岗岩中的颗粒粒径就不一定了，大小对比较为强烈。

花岗岩一般存于地表深层处，具有一定的放射性，大面积用在室内的狭小空间里，对人体健康会造成不利影响。花岗岩自重大，在装饰装修中增加了建筑的负荷。此外，花岗岩中所含的石英在遇热时会产生较大体积膨胀，致使石材开裂，故发生火灾时花岗岩不耐火。

花岗岩按颜色、花纹、光泽、结构、材质等因素分为不同色彩，通常呈现灰色、黄色、深红色等。我国约9%的土地是花岗岩岩体，因此品种很丰富，从色彩上可以将花岗岩分为黑色、红色、绿色、白色、黄色、花色等系列。

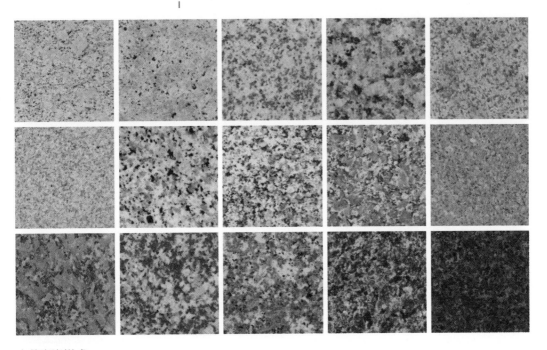

↑ 花岗岩样式

↑剁斧板

↑机刨板

↑粗磨板

↑火烧板

↑磨光板

在家居装修中，花岗岩的应用繁多，表面通常被加工成以下样式。

（1）剁斧板

花岗岩石材表面经过手工剁斧加工，表面粗糙且凸凹不平，呈有规则的条状斧纹，表面质感粗犷大方，用于防滑地面、台阶或户外庭院的墙、柱表面铺装等。

（2）机刨板

花岗岩石材表面被机械刨成较为平整的表面，有相互平行的刨切纹，用于与剁斧板材类似的场合，但是机刨板石材表面的凸凹没有剁斧板强烈。

（3）粗磨板

花岗岩石材表面经过粗磨，表面平滑无光泽，主要用于需要柔光效果的墙面、柱面、台阶、基座等。粗磨板的使用功能是防滑，常铺设在阳台、露台的楼梯台阶或坡道地面。

（4）火烧板

花岗岩石材表面粗糙，在高温下形成，生产时对石材加热，晶体爆裂，因而表面粗糙、多孔，板材背后必须用渗透密封剂。火烧板的价格较高，具有良好的防滑抗污性能。

（5）磨光板

花岗岩石材表面经磨细加工与抛光，表面光亮，花岗岩的晶体表现得非常清晰，颜色绚丽多彩，多用于室内装修空间，是使用频率较高的一种石材样式。

花岗岩石材的大小可以随意加工，用于铺设室外地面的厚度为40~60mm，用于铺设室内地面的厚度为20~30mm，铺设家具台柜的厚度为18~20mm等。市场上零售的花岗岩宽度一般为600~650mm，长度在2~6m不等。

↑花岗岩台面

★花岗岩的鉴别与选购

↑观察表面。取花岗岩样品，在光线较好的情况下仔细观察花岗岩表面纹理，优质品无任何破损

↑测量尺寸。使用卷尺测量花岗岩的厚度，并与标准尺寸和产品包装上的尺寸做比较

特殊品种也有加宽加长型，可以打磨边角。如果用于大面积墙、地面铺设，也可以订购同等规格的型材，例如：300mm×600mm×15mm、600mm×600mm×20mm、800mm×800mm×30mm、800mm×600mm×30mm、1000mm×1000mm×30mm等。其中，剁斧板的厚度一般均≥50mm。常见的20mm厚的白麻花岗岩磨光板价格为60～100元／m²，其他不同花色品种价格均高于此，一般为100～200元／m²不等。

步骤1　观察表面

优质花岗岩板材表面具有均匀的颗粒结构，质感十分细腻。粗粒或颗粒大小不均衡的花岗岩其外观效果较差，整体质量较差。此外，由于受地质作用的影响，花岗岩中会产生细微裂缝，在实际使用中，花岗岩最容易沿这些部位产生破裂，应注意筛选。成品板材缺棱少角会影响美观，一般不宜选择。花岗岩表面纹理无彩色条纹，只有彩色斑点或纯色，且其中颗粒越细腻、越均匀越好。

步骤2　测量尺寸

用卷尺测量花岗岩板材的尺寸规格，通过测量能判定花岗岩的加工工艺，各方向的尺寸应当与设计、标称尺寸一致，误差应＜1mm，以免影响拼接安装，或造成拼接后的图案、花纹、线条变形，影响装饰效果。测量的关键是检查厚度尺寸，用于家居装修的多数花岗岩板材厚度为20mm，少数厂家加工的板材厚度只有15mm，在很大程度上降低了花岗岩板材的承载性能，在施工、使用中容易破损。

★选材小贴士

花岗岩不同产地会有差距

由于花岗岩的产地与开采层面不同，其密度、硬度、质地均有很大差异，再加上后期的运输、加工环节众多，即使是同产地的花岗岩也会有很大的差距。

↑听铁锤敲击的声音。用小铁锤敲击花岗岩板材，如果声音清脆则说明花岗岩板材致密、质地好，反之则说明板材的质量不高

↑砂纸打磨花岗岩表面。采用0#砂纸打磨花岗岩的边角，如果花岗岩不产生粉末则说明其质量属于优等，适合选购

步骤3　敲击声音

敲击声音最能反映花岗岩板材的真实质量，但是花岗岩板材自重较大，敲击测试对花岗岩板材长度、宽度、厚度有要求，其长、宽应≥150mm，厚度为20mm左右。敲击时将花岗岩板材的一端放在平整地面上，另一端抬起60°，用小铁锤敲击板材中间。一般而言，优质花岗岩板材的内部构造应致密、均匀且无显微裂隙，其敲击声清脆悦耳，相反如板材内部存在显微裂隙，或因风化导致颗粒间接触变松，则敲击声粗哑。

步骤4　测试密度

密度是花岗岩板材承重性能的反映，可以用最简单的方法来检验。可以在花岗岩板材的背面，即未磨光的表面滴上一滴墨水，如墨水很快分散浸入，即表示花岗岩板材内部颗粒较松或存在显微裂隙，板材的质量不高，反之则说明花岗岩板材致密、质地好。也可以采用0#砂纸打磨板材的边角，如果不产生粉末则说明密度较高。

步骤5　注意环保

花岗岩是具有一定放射性的材料，但是市场上销售的石材都经过严格检验，其氡的释放量都在安全范围以内。在选购时应辨清花岗岩的颜色。暗色系列花岗岩，包括黑色、蓝色、暗绿色等的花岗岩与灰色系列花岗岩，其放射性元素含量都低于地壳平均值的含量。由火成岩变质形成的片麻状花岗岩及花岗片麻岩等，包括白色、红色、浅绿色、花斑，其放射性元素含量一般稍高于地壳平均值的含量。因此，暗色与灰色花岗岩，其放射性辐射强度都很小，至于白色、红色、浅绿色与花斑花岗岩应当少用。

步骤6　用对区域

花岗岩具有比较好的装饰作用，但一般适用于户外，如果要用于室内，一般会用作飘窗台面或用作厨房和卫生间的门槛石，这一点要有所了解。

↑花岗岩切成小块铺装在地面上具有复古效果，室内家具与布艺的色彩、风格与地面保持高度一致，表现出石材的高贵典雅

↑将不同颜色的花岗岩切割成小块拼接在墙面，形成强烈的复古效果，这是常规仿古砖所不能表达的视觉效果，小块花岗岩石材一般都是边角料加工制成，价格低廉

2.2 大理石

大理石原本是指产于我国云南省大理的白色带有黑色花纹的石灰岩，剖面类似一幅天然的水墨山水画，我国古代常选用这类花纹的大理石制作画屏或镶嵌画。现在，大理石成为称呼一切有各种颜色花纹且用于装饰的石灰岩。

大理石是地壳中原有的岩石经过地壳内高温高压作用形成的变质岩。地壳的内力作用促使原来的各类岩石在结构、构造、矿物成分上发生改变，经过质变而形成新岩石类型。大理石主要由方解石、石灰石、蛇纹石、白云石组成，其主要成分以碳酸钙为主，约占50%以上。

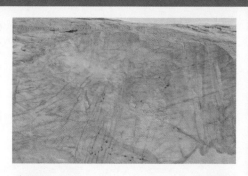

↑ 大理石矿料

由于大理石一般都含有杂质，而且碳酸钙在大气中受二氧化碳、碳化物、水汽的作用，也容易风化与溶蚀，从而使大理石表面很快失去光泽。相对花岗岩而言，大理石的质地比较软，密度一般为2500~2600kg／m³；抗压强度约为50~150MPa，属于碱性中硬石材。天然大理石质地细密，抗压性较强，吸水率＜10%，耐磨、耐弱酸碱，不变形。

↑ 大理石样板

大理石结晶颗粒直接结合成整体块状构造，抗压强度较高，质地紧密但硬度不大，相较花岗岩而言更易于雕琢磨光。但是，大理石的抗风化性能较差，不宜用作室外装饰，空气中的二氧化硫会与大理石中的碳酸钙发生反应，使表面失去光泽、粗糙多孔，从而降低了装饰效果。大理石主要用于加工成各种型材、板材，用于装修墙面、地面、台、柱，还常用于雕塑、盆景、工艺品等。

天然大理石的色彩纹理一般分为云灰、单色、彩花等三类。云灰大理石花纹如灰色的色彩，灰色的石面上或是乌云滚滚，或是浮云漫天，有些云灰大理石的花纹很像水的波纹，又称水花石，纹理美观大方；单色大理石色彩单一，如色泽洁白的汉白玉、象牙白等属于白色大理石，纯黑如墨的中国黑、墨玉等属于黑色大理石；彩花大理石是层状结构的结晶或斑状条纹，经过抛光打磨后，呈现出各种色彩斑斓的天然图案，可以制成有天然纹理的山水、花木等美丽画面。

 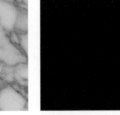 

↑云灰大理石　　　↑单色大理石　　　↑彩花大理石

纯大理石为白色，我国又称为汉白玉，但分布较少。普通大理石呈现为红、黄、黑、绿、棕等各色斑纹，色泽肌理的装饰性极佳。这些大理石的品种不同，命名原则不一，有的以产地与颜色命名，如丹东绿、铁岭红等；有的以花纹与颜色命名，如雪花白、艾叶青；有的以花纹形象命名，如秋景、海浪；有的是传统名称，如汉白玉、晶墨玉等。

大理石按质量可以分为以下级别，A类大理石属于优质产品，具有相同的、极好的加工品质，不含杂质与气孔；B类大理石的加工品质比前者略差，有天然瑕疵，需要进行小量分离、胶粘、填充；C类大理石的品质存在一些差异，如瑕疵、气孔、纹理断裂等较为常见的现象，可以通过进一步分离、胶粘、填充、加固等方法修补；D类大理石所含天然瑕疵更多，加工品质的差异最大，需要采用同一种方法进行多次处理，但是这类大理石色彩丰富，品种繁多，具有很高的装饰价值。

大理石的花纹、结晶粒度的粗细千变万化，有山水型、云雾型、图案型、雪花型等。现代装修用的大理石也要求多品种、多花色，能配套用于空间的不同部位。一般而言，单色大理石要求颜色均匀；彩花大理石要求花纹、深浅逐渐过渡；图案型大理石要求图案清晰、花色鲜明、花纹规律性强。由于产地不同，常有同类异名或异岩同名现象出现。我国大理石储藏量十分丰富，各品种居世界前列，国产大理石有400余个品种。

↓大理石样式

↑大理石窗台铺装

↑大理石地面铺装

↑大理石门厅拼花

↑大理石桌面应用

↑大理石线条

↑大理石磨边

大理石与花岗岩一样，可用于家居装修室内外各部位的石材贴面装修，但是强度不及花岗岩，在磨损率高、碰撞率高的部位应慎重考虑。大理石的花纹色泽繁多，可选择性强，饰面板材表面需经过初磨、细磨、半细磨、精磨、抛光等工序，大小可以随意加工，并能打磨边角。

大理石的表面也可以像花岗岩一样被加工成各种质地，用于不同部位，但其硬度比不上花岗岩。常见的20mm厚的桂林黑大理石磨光板价格为150~200元／m²，其他不同花色品种价格均高于此，一般为200~600元／m²不等。大理石石材的大小可随意加工，用于铺设室外地面的厚度为40~60mm，用于铺设室内地面的厚度为20~30mm，铺设家具台柜的厚度为18~20mm等。市场上零售的大理石宽度一般为600~650mm，长度2~6m不等。

特殊品种也有加宽加长型，可以打磨成各种边角线条。如果用于大面积墙、地面铺设，也可以订购同等规格的型材，例如300mm×600mm×15mm、600mm×600mm×20mm、800mm×800mm×30mm、800mm×600mm×30mm、1000mm×1000mm×30mm、1200mm×1200mm×40mm等。

★大理石的鉴别与选购

↑测量尺寸。使用卷尺测量大理石的尺寸，优等品的厚度偏差应小于1mm

↑触摸石材。优质的大理石不会存在翘曲或凹陷，也不会存在裂纹、砂眼、色斑等缺陷

目前，大理石的花色品种要比花岗岩多，其价格差距很大，要识别大理石的质量仍然可以采用花岗岩的识别方法。

步骤1　查看外观

大理石板材根据规格尺寸，允许存在一定的偏差，但是偏差不应影响其外观质量、表面光洁度等。大理石板材分为优等品、一等品、合格品等三个等级，不同等级的大理石板材的外观有所不同。劣质大理石的板体不丰满，板面会出现规格不一、缺棱角、板体不正等情况。按照国家标准，各等级的大理石板材都允许有一定的缺陷，只不过优等品不太明显。

步骤2　看花纹色调

大理石板材色彩斑斓，色调多样，花纹无一相同，这也是优质大理石板材的特征与魅力所在。色调基本一致、色差较小、花纹美观是优良品种的具体表现，否则会严重影响装饰效果。目前，市场上出现不少染色大理石，多以红色、褐色、黑色系列居多，铺装后约6~10个月就会褪色，如果铺设在窗台受光部位，褪色会更明显。识别这类大理石可观察侧面与背面，染色大理石的色彩较灰或呈现出深浅不一的变化。染色石材虽然价格低廉，但是不宜选购，其染色料存在毒害，褪色后严重影响装饰效果，自身强度也没有保证。

步骤3　看表面光泽

大理石板材表面光泽度的高低会极大影响装饰效果。优质大理石板材的抛光面应具有与镜面一样的光泽，能清晰地映出景物。但不同品质的大理石由于化学成分不同，即使是同等级的产品，其光泽度的差异也会很大。此外，目前市场上还有一些染色产品，采用色彩暗淡的廉价石材经过色料浸染后呈现出鲜艳的色彩纹理。这类产品颜色较浓艳，具有较强的刺激性气味，对装修环境有污染，不能选购，而且在使用过程中容易褪色，可以通过上述观察与打磨方法来识别。

↑砂纸打磨。使用0#砂纸打磨大理石表面，优质品不会轻易出现划痕

↑钢丝球打磨。使用钢丝球打磨大理石表面，优质品不会轻易产生粉尘

★选材小贴士

不同色彩大理石适用范围

（1）黑色大理石

黑色大理石常用于光线充足的房间或部位，如高层住宅中向阳的客厅电视柜台面、卧室窗台台面，也可以用于不同房间的地面交界处，以及墙面踢脚线、地面边脚线。黑色大理石还常常与白色家具、墙面相搭配，营造出神秘、庄重且内涵丰富的环境氛围。

（2）白色大理石

白色大理石非常纯洁、干净且轻松活泼，属于冷色，明亮度最高，适用于采光不太好的住宅空间地面、外挑窗台铺设，或用于厨房、餐厅的台面、桌面，也可以用于局部点缀装饰。

（3）米黄色大理石

米黄色大理石极具有张力与容纳感，属于偏暖色石材，吸光性好，表现力强，能与其他任何一种颜色搭配，突显出其他颜色，比较适合用来做背景，主要用于地面、墙面等大面积铺贴。

（4）绿色、棕色等大理石

绿色、棕色、青色等具有一定花纹的大理石适用于局部点缀，或用于设计风格独特的门厅、餐厅、书房等面积较小的空间。

★天然石材的安装施工

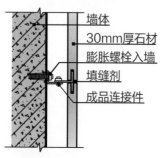

↑墙面石材干挂构造。通过墙面石材干挂构造示意图可知，天然石材进行干挂时需要使用膨胀螺栓来进行加固，螺栓尺寸要提前确定好

天然石材质地厚重，在施工中要注意强度要求，现场常用的墙面铺装方式主要可以分为干挂与粘贴两种，其中干挂施工比较适用于面积较大的墙面装修，施工方便，但要注意石材与墙面的牢固度，粘贴施工则比较适用于面积较小的墙面及结构外部装修，施工时要注意做好后期的处理工作，以免产生不必要的返工。

（1）天然石材干挂施工

首先，根据设计在施工墙面放线定位，采用角型钢制作龙骨网架，通过膨胀螺栓固定至墙面上；然后，对天然石材进行切割，根据需要在侧面切割出凹槽或钻孔；接着，采用专用连接件将石材固定至墙面龙骨架上；最后，调整板面平整度，在边角缝隙处填补密封胶，进行密封处理。

↑墙面石材干挂连接件多为镀锌产品，容易生锈，最好选择不锈钢产品

↑采用切割机在石材侧面切割出凹槽，供连接件安装

↑墙面骨架安装时，也会采用焊接构造，焊接后应涂刷防锈漆

↑干挂构造局部。天然石材干挂一定要牢固，由于石材重量较大，施工时各部位卡扣要紧密，施工时还需注意安全

↑干挂石材之间应保留均衡的缝隙，暂时用木板或嵌入木屑定型

石材地面铺装方法与地砖类似，需要采用橡皮锤仔细敲击平整，特别注意，人造石材强度不高，不适用于地面铺装。天然石材墙面干挂的关键在于预先放线定位与后期微调，应保证整体平整、接缝明显。用于淋浴区墙面铺装的石材，应在缝隙处填补硅酮玻璃胶。

（2）天然石材粘贴施工

首先，清理墙面基层，必要时用水泥砂浆找平墙面，并做凿毛处理，根据设计在施工墙面放线定位；然后，对天然石材进行切割，并对应墙面铺贴部位标号；接着，调配专用石材黏结剂，将其分别涂抹至石材背部与墙面，将石材逐一粘贴至墙面；最后，调整板面平整度，在边角缝隙处填补密封胶，进行密封处理。

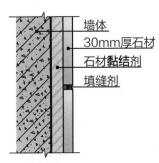
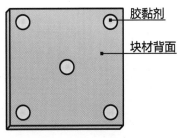

↑墙面石材粘贴构造示意　　↑块材背后点胶示意

↑调和黏结剂后平刮在墙面，尽量平整均匀，将石材铺装至墙面，敲击平整　　↑石材干挂胶多为双组分，使用时按包装说明要求混合在一起即能粘贴石材

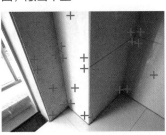

↑每块石材背后的涂胶位置一般为4个边角点与中央点　　↑石材阳角接缝应当整齐紧密，内侧做45°倒角，外侧保持直角

↑大理石铺装在地面与仿古砖、玻化砖的效果完全不同,纹理不重复,更加自然丰富

↑墙面大理石铺装采用横向纹理,在灯光照射下显得对比度特别强烈,地面大理石颜色偏灰,在生活中显得更耐脏

↑ 墙面大理石采用断层石，装饰效果超越任何墙面材料，家具、陈设品、装饰画也要匹配相应风格

2.3 艺术石材

艺术石材是指形态各异的自然山石，在装修中经过稍许雕琢、修饰即能起到很好的装饰作用。艺术石材取材范围很广，形体也没有明确界定，只要装修业主、设计师认可的石料都可以加以利用。

2.3.1 太湖石

太湖石又称为窟窿石、假山石，因盛产于江苏太湖地区而闻名，是一种玲珑剔透的石头。太湖石是一种石灰岩，是由石灰岩遭到长时间侵蚀后形成的，有水石与干石两种。水石是在河湖中经水波荡涤，历久侵蚀而成；干石则是地质时期的石灰石在酸性红壤的长期侵蚀下而形成。

在我国传统住宅中，太湖石多用于室内外小品、景观，营造出人与自然合二为一的精神氛围。在现代家居装修中，艺术石材常用于门厅、背景墙、楼梯、走道等空间布景装饰，或用于阳台、露台、庭院等户外空间点缀装饰。

太湖石形状各异，姿态万千，玲珑剔透，其色泽能体现出皱、漏、瘦、透等审美特色，以白灰石为多，少有青黑石、黄石，具有很高的观赏价值。

↑公园太湖石景

↑太湖石雕

太湖石一直以来是我国古代皇家园林的布景石材，由于生产力水平的发展，太湖石的开采与应用也逐渐普及，也可以用到现代家居装修中。

太湖石在装修中一般独立布置。例如，在别墅、复式住宅楼梯下方的转角空间，可以在此设计水池景观，中间独立放置1~2件中等体量的太湖石，配置各种灯光或音乐。由于石材的体量较大，太湖石更适合布置在面积较大的阳台或庭院中，既可配置水景，又可以独立放置，周边还可以添加形态自然的灌木或竹子，营造出大自然的野外气息。

↑ 太湖石门洞

↑ 珊瑚太湖石雕

★太湖石的选购与安装

步骤1　看综合品相

太湖石在我国各地的专业石材、园林、花木市场均可购买，只是价格差距很大，其具体价格主要根据石材的形态、体量、颜色、细节审美来制定。

步骤2　看细部镂空

评价太湖石的品质，主要观察石材的局部镂空细节，具备审美价值的太湖石在镂空处显得棱角明确，但是转折造型要自然均衡，不能有明显的加工打磨痕迹。

步骤3　看皱褶

太湖石所能看到的全部镂空与皱褶，彼此间的走势应当统一，每处镂空面积大小不能全部相同，又不能对比过强。

★选材小贴士

盆景太湖石

对于体量较小的太湖石，还可以放入规格适宜且造型独特的花盆中布置成盆景，将盆景内的土壤夯实即可，但是石料的宽度不宜超出花盆边缘。

↑盆景太湖石（一）　　　　↑盆景太湖石（二）

↑具备实用性和观赏性的太湖石桌　　↑具备历史性和观赏性的
太湖石摆件

步骤4　设计体量

　　用于家居装修与布景的太湖石体量不宜过大，如果准备竖向放置，其高度一般为1.2～2.5m，如果准备横向放置，其宽度一般为0.8～1.6m，这样的体量适用于大多数室内外装饰布景。

步骤5　选料构思

　　太湖石的颜色一般为白灰色、中灰色，如果庭院面积较大，可以穿插少量青黑色或黄色的太湖石。摆放太湖石比较随意，但是最好突出布景中心，围绕主体石料来布置，不宜过于闲散，也不宜摆放成拘谨的对称格局。

步骤6　安装固定

　　室内安装太湖石，可以采用切割机将石料底部切割平整，配合1：3的水泥砂浆固定在地面，同时应考虑楼板的承重，不宜放置形体过大的石料。

步骤7　稳固基础

　　在水泥接缝处摆放少许各色碎石遮挡即可，室内布置太湖石，可以将石料底部植入土壤，深度一般为石料高度的20%左右，也可以增添水泥砂浆稳固基础。

2.3.2 英石

英石又称为英德石，产于广东英德而得名。英石具有悠久的开采与欣赏历史，它具有皱、瘦、漏、透等特点，极具观赏与收藏价值。英石属于沉积岩中的石灰岩，山石经过溶蚀风化后形成嶙峋褶皱之状，加上当地日照充分、雨水充沛，山石易崩落山谷中，经酸性土壤腐蚀后，呈现嵌空玲珑的形态。

英石本色为白色，因为风化及富含杂质而出现多种色泽，有黑色、青灰、灰黑、浅绿等颜色，石料中掺杂着白色方解石条纹。英石石质坚而脆，敲击后有金属共鸣声。英石轮廓变化大，常见的窥孔石眼，玲珑婉转，石表褶皱深密，是各种山石中表现最为突出的一种，有蔗渣、巢状、大皱、小皱等形状，精巧多姿。石体一般正反面区别较明显，正面凹凸多变，背面平坦无奇。

英石种类多，其种类分为阳石与阴石两大类。阳石裸露地面，长期风化，质地坚硬，色泽青苍，形体瘦削，表面多褶皱，扣之声脆，分为直纹石、横纹石、大花石、小花石、叠石、雨点石，是瘦与皱的典型，适宜制作假山与盆景。阴石深埋地下，风化不足，质地松润，色泽青黛，有的石材掺有白色纹理，形体漏透，是漏与透的典型，适宜独立成景。

在家居装修中，英石一般用于制作假山与盆景。对于体量较小的英石，可专为此石设计储藏柜、格、架而作收藏观赏，如在客厅、餐厅、走道等公共空间的背景墙上预留一定空间，专门用来放置英石，且需配置明亮的灯光，形成质地晶莹、形态多变的观赏效果。

↑英石原料呈不同灰色，没有经过修饰就能表现出层级丰富的装饰效果

↑英石造型景观需要经过精心设计，设计方法比较简单，将石料横向堆砌，用于粘接石料的为瓷砖胶或水泥

★英石的选购与安装

英石不同于太湖石，在我国各地专业石材、园林、花木市场很难买到，且价格较高，其具体价格主要由石材的形态、体量、颜色、细节审美决定。

步骤1　看综合品相

评价英石的品质，主要观察石材的外观颜色与细节。英石一般有黑、灰黑、青灰、浅绿、红、白、黄等多种颜色，其中以纯黑色为佳品，红色、彩色为稀有品，石筋分布均匀、色泽清润者为上品。

步骤2　看细部皱褶

从细节上也可以看出英石的优劣，细节特点主要体现在瘦、皱、漏、透。瘦指体态嶙峋；皱指石表纹理深刻，棱角凸显；漏指滴漏流痕分布适中有序；透指孔眼彼此相通。阴石表面圆润，有光泽，多孔眼，侧重漏与透；阳石表面多棱角、多皱褶，少孔眼，侧重瘦与皱。

步骤3　看色泽

英石可分为珍品、精品、合格品。石料的四面均具有瘦、皱、漏、透等审美效果的为珍品；具有瘦、皱、漏、透等特征，且色泽纯黑、纯白、纯黄或彩色的为精品；具有瘦、皱、漏、透特点之一的为合格品。

↑英石艺术摆件　　　↑英石运用于庭院中

步骤4　计算配置材料

根据设计构思选好石料后，精确计算所需石料数量，按需购买，同时购买相应数量水泥、砂或瓷砖胶。

步骤5　堆砌安装

从底向上逐层堆砌叠加，水泥砂浆的比例为1∶3，或直接采用瓷砖胶砌筑，黏结材料不要外露，以免破坏美观效果。石料横向摆放布置，相互交错，考虑设置悬挑造型。

2.3.3 黄蜡石

黄蜡石又名龙王玉，因石表层内蜡状质感色感而得名。黄蜡石属于矽化安山岩或砂岩，主要成分为石英，油状蜡质的表层为低温熔物，韧性强，硬度较高。黄蜡石主要产于广东、广西地区，以产于广东东江沿岸与潮州的质地最好，石色纯正，石料质地以润滑、细腻为贵。

黄蜡石由于其地质形成过程中掺杂的矿物不同而有黄蜡、白蜡、红蜡、绿蜡、黑蜡、彩蜡等品种，又由于其二氧化硅的纯度、石英体颗粒的大小、表层熔融的情况不同，可分为冻蜡、晶蜡、油蜡、胶蜡、细蜡、粗蜡等种类。黄蜡石的最高品质是冻蜡黄、黄中透红或多色相透，其中冻蜡可透光至石心，加上大自然作用造成形态差异。黄蜡石之所以能成为名贵观赏石，除其具备有湿、润、密、透、凝、腻等特征，其主色为黄也是其重要因素。黄蜡石以黄色为多见，其中以纯净的明黄为贵，另有蜡黄、土黄、鸡油黄、蛋黄、象牙黄、橘黄等多种颜色。

黄蜡石一直以来是我国私家庭院的布景石材，在传统住宅中多用于庭院水景的驳岸，彼此间露出缝隙更有利于水生植物的生长。

黄蜡石在我国各地的专业石材、园林、花木市场均可购买，由于黄蜡石形态比较单一，各地市场的价格差距不大，其具体价格主要根据石材的形态、体量、颜色、细节审美来制定。

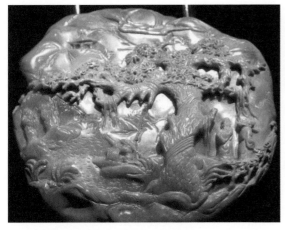

↑黄蜡石雕可根据个人审美喜好来选购，其主要陈列在家居室内空间，是极佳的装饰品

↑用于户外庭院的黄蜡石一般都会选择带有裂纹的石料，具有生动、真实的视觉效果

↑黄蜡石驳岸（一）

↑黄蜡石驳岸（二）

评价黄蜡石的品质，主要观察石料表面质感，以光滑、细腻，无明显棱角，且颜色为土黄、中黄为佳，其次外观圆整、形体端庄的石料更适合随意放置或设计造型。

★黄蜡石的选购与安装

步骤1 **看油性**

优质的黄蜡石油性较大，而劣质的黄蜡石则不易成油，光泽亮度不够。

步骤2 **看细度**

细度是指黄蜡石的细腻程度，这一特点也是和玉化度直接关联的，高玉化的黄蜡石往往都是细度极高的，只有细度高的黄蜡石才经得住精雕细琢，细度不够走细功只会崩刀。

步骤3 **看透光性**

黄蜡石透光性好的属于优质品，黄蜡石不同于其他玉石，讲究的是浑厚，并非越透就越好，最好的黄蜡石料往往都不是最透的。

步骤4 **看颜色纹理**

黄蜡石一般都会以正黄、正红为最好，有时候白色和棕色也比较好。具有装饰效果的黄蜡石应当具有一定纹理，或是皱褶纹理，或是裂纹，纹理能表现出石料的沧桑感和层次感，是室内外庭院、阳台装饰的首选。

步骤5　设计体量

在黄蜡石的施工过程中要注意，用于家居装修与布景的黄蜡石体量不宜过大，如果准备独立散置，黄蜡石的边长一般为500~800mm，上表面经过简单加工后可以作为石凳、石桌使用。

步骤6　砌筑围合构造

砌筑围合构造时，其边长一般为200~500mm，这样的体量适用于砌筑各种花坛、池坛、围墙基础等构造。

步骤7　拼接石料

砌筑构造时应预先整理好砌筑基础，底层石料应嵌入地表60%，用于稳固基础。石料之间相互交错，采用1∶3水泥砂浆粘接，过于圆滑的黄蜡石应采用切割机修整砌筑面，使水泥砂浆的结合度更好。

步骤8　加固安装

砌筑水池驳岸时，还应在水池砌体内侧涂刷防水涂料。黄蜡石的砌筑高度应≤600mm，厚度一般为200~300mm。为了防止黄蜡石从驳岸滚入池底，可以在池底预先填埋钢筋，在黄蜡石上钻孔，插入钢筋中即可放置平稳。

↑黄蜡石平台

↑黄蜡石景观

★选材小贴士

黄蜡石如何装饰

在现代家居装修中，黄蜡石凭借厚实的形体、单一的色彩，总会给人安全感。黄蜡石可以散置于室内外楼梯台阶旁，用于户外既可以随意散置，当作景观中心、配饰，也可以围合在户外水景岸边，或用水泥砂浆砌筑成花坛、池坛。体量较小的黄蜡石还可以放在清澈的池底，点缀鹅卵石作装饰。

2.3.4　灵璧石

灵璧石又称为磬石，产于安徽灵璧县浮磬山，是我国传统的观赏石之一。灵璧石漆黑如墨，也有灰黑、浅灰、赭绿等色，石质坚硬素雅，色泽美观。

灵璧观赏石分为黑、白、红、灰等四大类一百多个品种，形体较大的放置在户外，只可观赏，无法收藏，可群体也可单独置放；室内观赏石一般为中小型，陈列于房厅的几案台桌上。我国古代工匠以灵璧石为原料，雕琢各种人物、鸟兽、鼎彝、文具等磬石工艺品。

在家居装修中，灵璧石一般用于制作小型假山与盆景，由于体量较小，可以专为此石设计艺术造景，搭配底座、绿化植物等，将灵璧石作为一件艺术品来陈列。为了提高灵璧石的观赏价值，可以在石料表面喷涂聚酯清漆，提高表面质地效果，使其更光亮，具有更好的视觉效果。

↑观赏灵璧石（一）

↑观赏灵璧石（二）

灵璧石不同于太湖石，在我国各地的专业石材、园林、花木市场很难买到，且价格较高，其具体价格主要由石材的形态、体量、颜色、细节审美决定。

市场上能买到的灵璧石主要为室内陈设的小体量石材，更多用作软装陈设内摆件，再配置考究的底座，放在装饰柜或书柜中。

↑室内观赏灵璧石（一）

↑室内观赏灵璧石（二）

↑灵璧石造型景观（一）

↑灵璧石造型景观（二）

★ 灵璧石的选购与安装

步骤1　观察外观

应仔细观察灵璧石的背面，看有无红、黄色砂浆附着在上面，如果存在则说明石料是用胶水拼接的，个别小块石材可将表面的砂浆清除，但是留下的痕迹仍清晰可见。

步骤2　查看质地

观察灵璧石的质地，正宗灵璧石表面应当光滑温润，极具手感，但是瘦、皱、透、漏的特点不影响质地效果。

步骤3　观察纹理

观察灵璧石的纹理，正宗石料应有特殊的白灰色石纹，其纹理自然、清晰、流畅，石纹呈V形，而经过人工处理后的石纹呈U形，纹色也不自然，如果用水洗，人造石纹即刻显现，且水干得慢，正宗灵璧石纹理表面干得快。

步骤4　听声音

弹敲听音，用铁棒敲打，正宗灵璧石可听到清脆声音。

步骤5　规划设计

灵璧石一般是顺应纹理沟壑竖向安装，要规划好相互依托的支撑点，不能仅考虑依靠水泥砂浆或瓷砖胶来粘接。

步骤6　围合底座

由于是竖向摆放，底座要稳固结实，应当将石料底部埋入基础水泥砂浆中100mm以上，周边配置碎小石料支撑。

2.3.5　石材锦砖

石材锦砖是采用天然花岗岩、大理石加工而成的锦砖，在一片石材锦砖中，往往会搭配多种不同色彩、质地的天然石片，使锦砖的铺装效果特别丰富。用于生产石材锦砖的原料很多样，对原料的体量无特殊要求，一般利用天然石材的多余角料进行生产，具有节能环保的作用。

石材锦砖上的组合体块较小，表面一般被加工成高光、亚光、粗磨等多种质地，多种色彩相互搭配，装饰效果出众。石材锦砖的各项性能与天然石材相当，具有强度高、耐磨损、不褪色等优势。为了凸显石材锦砖的魅力，目前，还有很多产品在其中加入了部分陶瓷锦砖、玻璃锦砖，以提升石材锦砖的光亮度，丰富了石材锦砖的层次。

↑石材锦砖。在一片石材锦砖中，往往会搭配多种不同色彩、质地的天然石片，这也使锦砖的铺装效果变得特别丰富

↑石材锦砖样式

石材锦砖的规格多样，不同厂商开发的产品各异，一般单片锦砖的通用规格为边长300mm，其中小块石材规格不定，边长为10~50mm不等，小块石材的厚度为5~10mm，小块石材之间的间距或疏或密，一般≤3mm，价格为30~40元/片。

★石材锦砖的鉴别与选购

步骤1　观察外观

将2~3片石材锦砖平放在采光充足的地面上，目测距离为1m左右，优质产品应无任何斑点、粘疤、起泡、坯粉、麻面、波纹、棕眼、落脏、熔洞等缺陷。但是天然石材锦砖允许存在一定的细微孔洞，瑕疵率应≤5%。

步骤2　用卷尺测量

用卷尺仔细测量石材锦砖的四边尺寸，并与标准产品做对比，查看它们之间的误差，优质品误差不会超过1mm。

↑四周规整，表面无杂质的石材锦砖　　↑测量石材锦砖的尺寸并与其样品对比

★选材小贴士

石材锦砖的优势

因为石材锦砖的主要原料多为天然的石材，在它的耐磨性方面，是瓷砖和木地板等装饰材料无法比拟的，又因石材锦砖的每块小颗粒间的缝隙较多，其抗应力能力要比其他的装饰材料更具优势。

2.4 人造石材

人造石材是以各种水泥、天然石料、石灰磨细砂为黏结剂，砂为细骨料，碎花岗岩、大理石、工业废渣等为粗骨料，经配料、搅拌、成型、加压蒸养、磨光、抛光等工序制成的。

2.4.1 普通水泥人造石

水泥人造石结构致密，表面光滑，具有光泽，呈半透明状。采用硅酸盐水泥或白色硅酸盐水泥作为胶黏剂，表面层就不光滑，硅酸盐水泥仅适用于面积较小的装饰界面。

水泥人造石以普通硅酸盐水泥或白色水泥为主要原料，掺入耐磨性良好的砂子与石英粉作填料，加入适量颜料后入模制成。水泥人造石面层经过处理后，在色泽、花纹、物理、化学性能等方面都优于其他人造石材，装饰效果可以达到以假乱真的程度。

↑普通水泥人造石

↑普通水泥人造文化石

水泥人造石取材方便，价格低廉，色彩可以任意调配，花色品种繁多，可以被加工成文化石，铺装成各种图案或肌理效果。厚40~50mm的彩色水泥人造石，价格为40~50元／m²。

★水泥人造石的选购与安装

步骤1　检查相关产品信息

注意检查产品有无质量认证、质检报告、防伪标志等。

步骤2　看外观

选购水泥人造石要注意，目测产品颜色清纯，表面无类似塑胶质感，板材正面无气孔的为优质品。

步骤3　嗅闻、触摸

鼻闻无刺鼻化学气味，手摸样品表面有丝绸感、无涩感，无明显高低不平感的为优质品。

步骤4　安装底盆

施工时，由于水泥人造石强度不及其他天然石材，因此不宜用于构造的边角等易碰撞处。

步骤5　测验、保护

采用水泥砂浆铺装到墙面后，应采用相同的水泥砂浆填补缝隙，不宜采用白水泥填缝，如需调色可以直接在水泥砂浆中掺入矿物质色浆，颜色近似即可。

步骤6　安装铝材

水泥人造石的铺装高度应≤4m，铺装过高容易塌落，施工完毕后要注意养护，防止经常性磨损。

↑水泥人造石台面。水泥人造石还可用于制作厨房台面，同样可以具备良好的装饰效果，且实用性也比较强

★选材小贴士

水泥人造石的优点

水泥人造石面层可以经过染色，变成多种色彩，满足不同使用需求，强度可以根据需要选择不同强度等级的水泥加工制作，如高强度人造石可选用52.5级水泥。

2.4.2 水磨石

在现代家居装修中，水泥人造石需要根据实际情况现场配置，并不是所有施工员都能熟练操作，因此运用并不多，运用较多的是在此基础上发展而来的水磨石。水磨石又称为磨石子，是指大理石和花岗岩或石灰石碎片嵌入水泥混合物中，采用水磨机打磨表面，最终形成表面质地十分平滑的人造石。

水磨石通常用于地面装修，也称为水磨石地面，它拥有低廉的造价与良好的使用性能，可任意调色拼花，防潮性能好，能保持非常干燥的地面，同时还具有施工方便的优势，因此适用于各种家居环境，在我国有着巨大的市场。

传统清洁水磨石地面的方法是清洗打蜡，这是唯一的保洁方法，但清洗打蜡成本很高。此外，使用2~3年后还要对水磨石地面做机械打磨，将水磨石表面风化、磨蚀的老化层刨去露出新鲜层，操作起来更复杂，至少要将室内家具搬离后才能实施。

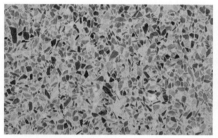

↑彩色水磨石与石砂（一）

↑彩色水磨石与石砂（二）

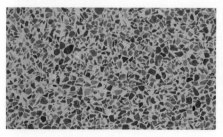

↑彩色水磨石与石砂（三）

现代水磨石施工一般都由各地专业经销商承包，要用到专业设备、材料，普通装修施工员一般不具备相关技能，价格也比传统水磨石地面要高，一般为100～120元／m²，但是仍比铺装天然石材便宜不少。水磨石地面也存在缺陷，即容易风化老化，表面粗糙，空隙大，耐污能力极差，且污染后无法清洗干净。

近年来，市场上出现了水晶硅等新产品，采用改性树脂与硅酸盐粉末混合填料封堵水磨石表面孔隙，使普通水磨石达到天然石材的效果。类似产品能有效提高水磨石地面的耐用性，降低维护成本，使水磨石的应用得到继续推广，并由此产生了艺术水磨石等新型产品。

> 现代水磨石施工方法比较复杂，在施工时，装修业主务必监督施工质量。

↑水磨石楼梯台阶　　　　↑水磨石地面

★水磨石的安装施工

步骤1　清理基层

将混凝土基层上的杂物清净，不得有油污、浮土，将沾在基层上的水泥浆皮铲净，并在房间的四周墙壁上弹出标高水平线，高度一般为50mm。

步骤2　基础弹线并找平

根据墙上弹出的水平线，留出面层约10～15mm的厚度，抹1：3水泥砂浆找平层，抹好找平层砂浆后养护24h。

步骤3　弹分格线

一般采用800mm×800mm规格，如果设计有图案，应按设计要求弹出清晰的线条，用较稠的素水泥浆将分格铜条固定住。

步骤4 倒入水泥石浆

将根据设计要求调配好的水泥石浆倒入找平层表面，厚约10~15mm，不宜超过分格条，找平后进行养护2~3d。

步骤5 水磨石打磨

开始机械打磨，过早打磨石粒易松动，过迟造成磨光困难，因此需进行试磨，以面层不掉石粒为准。机械打磨分别为粗磨、细磨、磨光等三遍，每遍打磨均要浇水养护，防止粉尘污染，每遍打磨后应养护2~3d，艺术水磨石还要采用水晶硅等产品养护。

↑镶嵌铜条以免水磨石边角磨损

↑地面打磨能使水磨石的耐用性更强

★选材小贴士

水磨石

水磨石地面施工完毕后要进行验收。普通水磨石地面应光滑，无裂纹、砂眼、磨纹，石粒密实，显露均匀，图案符合设计要求，颜色一致，不混色，分格条牢固、清晰、顺直。镶边的边角整齐光滑，不同面层颜色相邻处不混色。艺术水磨石地面除上述标准外，阴阳角收边方正，尺寸正确，拼接严密，分色线顺直，边角整齐光滑、清晰美观。在养护时，打蜡均匀不露底，色泽一致，厚薄均匀，光滑明亮，图纹清晰，表面洁净。

2.4.3 聚酯人造石

聚酯人造石是以甲基丙烯酸甲酯、不饱和聚酯树脂等有机高分子材料为基体，以石渣、石料为填料，加入适量的固化剂、促进剂及调色颜料，通过高温融合后再固化成型的石材。

聚酯人造石将开采天然石材产生的巨量废料当作主要原料，是一种变废为宝的装饰材料，具有巨大的经济价值与环保价值。聚酯人造石由于生产时所加的颜料不同，采用的天然石材的种类、粒度、纯度不同，以及制作的工艺方法不同，其花纹、图案、颜色和质感也就不同。通常制成仿天然大理石或仿天然玛瑙石，根据它们的花纹与质感，分别称为人造大理石与人造玛瑙。

另外，聚酯人造石还可以制作具有类似玉石色泽与透明状的人造石材，在装饰工程中称为人造玉石。人造玉石可惟妙惟肖地仿造出紫晶、彩翠、芙蓉石、和田玉等名贵产品，甚至能达到以假乱真的程度。

在家居装修中，聚酯人造石通常用于制作卫生间、厨房台面，还可以用于窗台、餐台等构造的饰面板，可以完全取代天然石材用于墙面、家具表面铺装，可以制作卫生洁具，如浴缸，带梳妆台的单、双洗脸盆，立柱式脸盆等。另外，还可以制成人造石壁画、花盆、雕塑等工艺品。

↑聚酯人造石样本（一）

↓聚酯人造石样本（二）

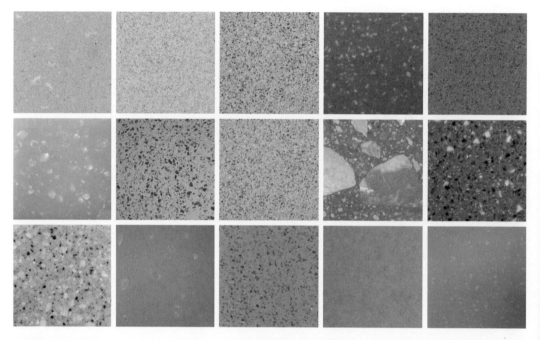

↑聚酯人造石样式

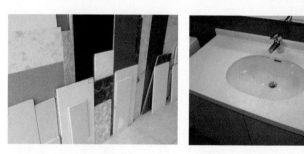

↑聚酯人造石样本（三）　　　　　↑聚酯人造石台面

聚酯人造石在全国各地均有生产、销售，价格比较均衡，一般规格为：宽度在650mm以内，长度为2.4～3.2m，厚度为10～15mm。经销商可以根据现场安装尺寸定制加工，包安装，包运输。聚酯人造石的综合价格一般为400～600元／m²。

目前，聚酯人造石的花色品种很多，很多商家根据花色来定价，价格差距大，产品质量参差不齐，在选购时要注意质量。

↑橱柜台面人造石　　　　　　　　↑窗台人造石

↑仔细观察产品的表面，如果发暗，光洁度差，颜色不纯，在视觉上有刺眼的感觉，有毛细孔，即对着光线以45°斜视，像针眼一样的气孔，这样的产品卫生性较差且不环保

步骤1　观察表面质地

从表面上看，优质聚酯人造石经过打磨抛光后，表面晶莹光亮，色泽纯正，用手抚摸有天然石材质感，无毛细孔。

步骤2　检测硬度

用砂纸打磨，优质聚酯人造石具有较强的硬度与机械强度，用尖锐的硬质塑料划其表面也不会留下划痕；劣质产品质地较软，很容易划伤，而且容易变形。

步骤3　进行撞击测试

如果条件允许，可以进一步测试聚酯人造石的硬度与强度，取一块约30mm×30mm的石材，用力向水泥地上摔，质量差的产品会摔成粉碎小块，而质量好的一般只碎成2~3块，而不会粉碎，用力不大还会从地面上反弹起来。

步骤4　进行燃烧测试

优质产品的石粉为氢氧化铝，具有良好的阻燃性能；质量较差的产品，其石粉部分主要为氢氧化钙即熟石灰，不能阻燃。

步骤5　正确识别名称

很多商家会根据聚酯人造石的花色品种来定商品名，如人造石、大理石、石英石等，其实都是人造石，价格没有差异。一般被商家定为人造石的为单色石料，被定为大理石的石料表面有颗粒纹理，被定为石英石的石料中间有反射玻璃碎渣。

↑砂纸打磨。用0#砂纸打磨石材表面，容易产生粉末的产品质量较差，优质产品经过打磨后表面磨损应不大，不会产生明显粉末

↑燃烧测试。如果条件允许，取一块细长的条形人造石，放在打火机上烧，质量差的产品很容易烧着，而且烧得很旺，优质品是烧不着的

↑优质产品应不渗透酱油

步骤6　进行腐蚀测试

取家庭日常的有色液体，如口红、墨水、醋、酱油等，倒在聚酯人造石上约10min后，再用清水擦洗，看是否有渗透，优质产品能轻松擦洗掉表面颜色。

步骤7　比较气味

聚酯人造石多少都会有些刺鼻气味，尤其是地方产品品质差异很大，但是只有将鼻子贴近石材时才闻得到，远离300mm就基本闻不到气味了，优质品不会有刺鼻味道。

→闻气味。可以将鼻子贴近石材闻气味，劣质产品的刺鼻气味很大，安装使用后直至一年都不会完全挥发，其中所含有的甲醛、苯也会对人体造成极大伤害

★窗台人造石材的安装施工

首先，将施工基层杂物清理干净，并在四周墙壁上弹出标高水平线；采用水泥砂浆找平，并养护24h，同时根据设计要求切割人造石材；接着，用较稠的素水泥浆铺在人造石材背面，将石材平整铺贴在基层上；最后，调整表面平整度，采用填缝剂填补缝隙。

↑检查人造石材饰面

↑水泥砂浆找平

↑慢慢轻放人造石材

↑轻锤人造石材固定

★橱柜人造石材的安装施工

首先，橱柜检查平整度，并在四周墙壁上弹出标高水平线；然后，在不平整的橱柜上表面安装垫块或板材，同时根据设计要求切割人造石材；接着，直接将石材放置在橱柜上方；最后，调整表面平整度，粘接石材之间的缝隙，采用玻璃胶填补石材与墙体之间的缝隙。

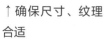
↑确保尺寸、纹理合适

↑根据水槽尺寸，在石材上开凿合适的孔洞并小心安装

↑对于有水管的区域还需提前开凿水管的孔洞

↑安装结束之后需要使用砂纸轻轻打磨，方便使用

聚酯人造石材施工的重点在于填补石材的拼接缝隙，需要采用云石胶粘接，多余的残胶硬化后要用打磨机小心打磨，直至表面均匀完美。

↑为了防止台面上的水顺着柜体向下流淌，台柜石材边缘都会进行加厚处理，加厚处理即使用多块石条粘接而成，并制作细微的滴水槽

→经过细致打磨后的聚酯人造石看不出任何拼接的痕迹

2.4.4　微晶石

微晶石又称为微晶玻璃复合石材，是将微晶玻璃复合在陶瓷玻化石的表面，经过二次烧结后完全融为一体的人造石材。微晶石作为一种新型装饰材料，逐渐进入家居装修，是目前家居装修比较流行的新型绿色环保人造石材。根据微晶石的原材料及制作工艺，微晶石可以分为无孔微晶石、通体微晶石、复合微晶石等三类。

微晶石避免了天然石材的放射性危害，属于无放射性产品，是现代家居装修的理想绿色建材。

（1）无孔微晶石

无孔微晶石又称为人造汉白玉，是一种多项理化指标均优于普通微晶石、天然石材的新型高级环保石材，其具有色泽纯正、不变色、无辐射、不吸污、硬度高、耐酸碱、耐磨损等特性。其最大的特点是通体无气孔、无杂斑点、光泽度高、吸水率为零、可二次打磨翻新，弥补了普通微晶石、天然石材的缺陷。适用于家居住宅的外墙、内墙、地面、圆柱、洗手盆、台面等界面装修。

（2）通体微晶石

通体微晶石亦称微晶玻璃，是一种新型的高档装饰材料。它是以天然无机材料为原料，采用特定的工艺，经高温烧结而成。它具有无放射、不吸水、不腐蚀、不氧化、不褪色、无色差、不变形、强度高、光泽度高等特性。

（3）复合微晶石

复合微晶石也称微晶玻璃陶瓷复合板，它是将微晶玻璃与玻化砖烧结熔合，微晶玻璃厚3～5mm，位于玻化砖表面，是经二次合成的高科技新产品，厚度为13～18mm。复合微晶石结合了玻化砖和微晶玻璃板材的优点，完全不吸污，方便清洁维护，其坚硬耐磨性、表面硬度、抗折强度等方面均优于花岗岩与大理石。复合微晶石色泽自然、晶莹通透、永不褪色、结构致密、晶体均匀、纹理清晰，具有玉石质感。

↑无孔微晶石样本

↑通体微晶石样本

↑复合微晶石样本

↑ 微晶石展示

微晶石是在与花岗岩形成条件类似的高温下，经烧结晶化而成的材料，其质地均匀、密度大、硬度高，抗压、抗弯、耐冲击等性能优于天然石材，经久耐磨，不易受损，更没有天然石材常见的细碎裂纹。板面光泽晶莹柔和，既有特殊的微晶结构，又有特殊的玻璃基质结构。质地细腻，板面晶莹亮丽，对于射入光线能产生漫反射效果，使人感觉柔美和谐。

微晶石的色彩多样，以金属氧化物为着色剂进行着色，经高温烧结而成的，因此不褪色，且色泽鲜艳。一般以水晶白、米黄、浅灰、白麻等色系最为流行。它弥补了天然石材色差大的缺陷，广泛用于各种装修界面。

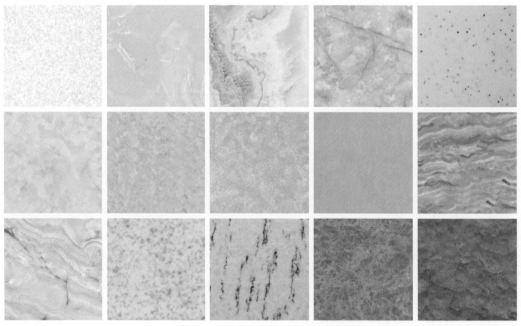

↑ 微晶石样式

微晶石作为化学性能稳定的无机质晶化材料，又包含玻璃基质结构，其耐酸碱度、抗腐蚀性能都优于天然石材，尤其是耐候性更为突出，经受长期风吹日晒也不会褪去光泽，更不会降低强度。微晶石的吸水率极低，几乎为零，各种污秽浆泥、染色溶液都不易侵入渗透，依附于表面的污物也很容易清除擦净，特别便于家居保洁。

↑微晶石线条

↑微晶石板材

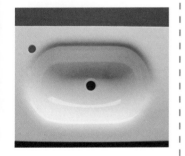
↑微晶石弯压

微晶石还可用加热方法，制成所需的各种弧形、曲面板，具有工艺简单、成本低的优点，避免了弧形石材加工大量切削、研磨、耗时、耗料、浪费资源等弊端。但是，微晶石表面硬度低于抛光砖，由于表面光泽度较高，如果遇划痕会很容易显现出来。

微晶石主要用于家居装修的地面、墙面、家具台柜铺装，常见厚度为12~20mm，可以配合施工要求调整，宽度一般为0.6~1.6m，长度为1.2~2.8m不等，价格为80~120元／m²。

目前，我国从事微晶石生产的厂家都是知名企业，质量比较可靠，中小型企业没有相关技术与设备是无法生产微晶石产品的，在选购时要注意识别真假，避免少数不法经销商将抛光砖冒充微晶石高价出售。

★选材小贴士

微晶石成本较高

微晶石采用的原料相当部分都是化工原料，而且还要经过高温熔化、水淬、烘干、过筛、破碎等工序，才能生产出合乎要求的微晶石粒料，这些步骤都使得微晶石成本增加。

↑微晶石铺装

↑微晶石台面

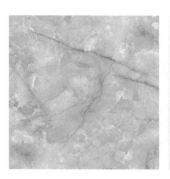 

↑微晶石纹理　　　　　　↑微晶石装饰

★微晶石的鉴别与选购

步骤1　看透明层

透明玻璃的光学性能就是具有透明性质，厂家正是利用它的这一性质，将印制的精美艺术花纹充分展现，并增加了花纹的立体感。可以对着光察看微晶石表面，材质为透明或半透明状，厚度为3～5mm，虽然透明层上有图案、花纹，但是不影响真实的透明质感，从侧面观察，能清晰地看到透明层存在。

步骤2　看光亮度

微晶石除极个别的小品种外，其光亮度都特别高，采用湿纸巾或抹布将微晶石表面擦拭干净，即可显现出高亮的反光。在比较暗的环境下，微晶石甚至可以当镜子使用。而普通天然石材、人造石材、陶瓷制品均达不到这种效果。

↑用牙刷蘸洗衣粉在微晶石表面反复摩擦，表面不会产生任何细微划痕，这是任何陶瓷砖材和天然石材所不能比拟的

↑观察表面。取微晶石样本，在光线充足的情况下仔细观察微晶石的表面，表面色泽亮丽、无黑点的为优质品

↑用湿抹布擦拭微晶石表面，会获得很光亮的效果，即为优质品

★选材小贴士

如何避免微晶石污损

在使用微晶石时，应尽量保持微晶石表面保护膜完好无损，保护膜可以防止污染，更能阻止砂粒划伤，所以不论是干挂或者是铺贴，在整个过程中均应保持该层胶膜完好无损，直到竣工并彻底清洁处理后，才能揭掉此层保护膜。此外，还可在微晶石表面覆盖保护层，如厚纸板或薄木板等，以防人员走动带来砂粒，从而造成板材表面磨花损伤。在日常使用时还应及时清洁微晶石表面的污渍，对已经产生的水泥污染斑痕，要及时用干净布沾清水擦干净，可以选购微晶石专用护理剂进行基础的清洁工作。

↑透明的复合微晶石表面纹理有多种样式，用于铺装墙面和地面，表面所能看到的纹理是基层玻化砖。微晶石表面光洁度特别高，需要每年进行一次抛光打蜡处理，保持高度光亮效果

石材一览●大家来对比●

品　种	性　能　特　点	适用部位	价　格
花岗岩	质地特别坚硬，密度很大，耐磨损，装饰效果较单一，价格较低	室内外地面铺装，户外庭院停车位铺装	厚20mm 60~200元/m²
大理石	质地较坚硬，色彩纹理非常丰富，花色品种多样，装饰效果好	室内外地面铺装、窗台台面、家具台面铺装	厚20mm 150~600元/m²
太湖石	质地丰富，硬度适中，具有大小不一的孔洞，装饰审美效果好	适合庭院单独或群组布置	根据形体、大小、运输距离来定
英石	具有典型的皱、瘦、漏、透特点，质感玲珑剔透，装饰形式多样	独立或组合造型，室内外均可布置	根据形体、大小、运输距离来定
黄蜡石	表面光洁、细腻，颜色偏黄，质地紧凑坚硬，外观敦实厚重	适合庭院水岸、绿化带边缘布置	根据形体、大小、运输距离来定
灵璧石	质地坚硬，表面纹理丰富，具有张力，审美细节多，装饰效果好	独立或组合造型，室内外均可布置	根据形体、大小、运输距离来定
石材锦砖	质地浑厚，穿插其他材质，混搭丰富，价格较高	厨房、卫生间、阳台墙面整体或局部铺装	300mm×300mm×5mm 30~40元/片
普通人造水泥	质地浑厚、结实，材质较单一，价格低廉，体块较大	庭院、阳台墙面、构造表面均可铺装	厚40~50mm 40~50元/m²
水磨石	硬朗结实，色彩多样，变化丰富，形态完整	地面铺装	100~120元/m²
聚酯人造石	质地平和，不透水，表面光滑，硬度不高，可加工成型，花色品种多样，价格较高	地面局部点缀铺装、台柜铺装	厚10~15mm 400~600元/m²
微晶石	密度大，表面平滑光洁，坚固耐用，价格适中	地面铺装	厚12~20mm 80~120元/m²

第3章
砖石铺装材料

识读难度： ★★★☆☆

核心概念： 水泥砂浆、免钉胶、AB型干挂胶、瓷砖胶、填缝剂、美缝剂、玻璃胶黏剂

章节导读： 装修中所用到的胶凝材料就是胶黏剂，又称为胶水。相对于钉子、螺栓等连接固件而言，胶凝材料具有成本低廉、施工快速、操作方便等优势。胶黏剂能快速粘接各种装饰材料，它以往只用于木材、塑料、壁纸等轻质材料的粘接，现在逐渐覆盖整个装修领域。石材具有很好的装饰效果，而未能达到预期目标的原因不是出自石材本身，而是由于人们对石材铺装细节的认识不够，导致施工中问题迭出，因而必须学习识别各种材料，这样才能达到理想的铺装效果。

3.1 水泥砂浆

水泥砂浆主要用于砖石材料的铺贴，与各种砌体材料搭配使用。水泥砂浆主要胶凝材料为水泥与石灰，并添加细骨料，水泥常采用32.5级、42.5级产品，水泥强度等级过高不仅造成浪费，还会导致水泥保水性不良。

3.1.1 普通水泥

普通水泥是由硅酸盐水泥熟料、石膏以及10%~15%混合材料等磨细制成的水硬性胶凝材料，又被称为普通硅酸盐水泥。

水泥砂浆运用最频繁，是主要的墙体砌筑黏结材料，颜色呈深灰色。水泥砂浆的强度等级有M2.5、M5、M7.5、M10及M15等多种。常见的M10水泥砂浆是指它的立方体抗压强度为10MPa，配合比根据原材料不同、砂浆用途不同而不同。以常用的42.5级普通硅酸盐水泥、中砂配出的M10砌筑砂浆为例，水泥需300kg，中砂需1.1m^3，水需190kg。用于墙体砌筑的水泥砂浆，其中水泥与砂的体积比多为1∶3。

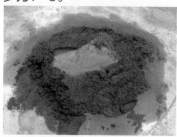

↑ 水泥砂浆

↑ 水泥砂浆抹灰

水泥砂浆在施工时，还应根据需要掺入一些添加剂，如微沫剂、防水剂等，以改善它的和易性与黏稠度。

普通硅酸盐水泥的用量很大，主要用于墙体构造砌筑、墙地砖铺贴等基础工程，一般都采用编织袋或牛皮纸袋包装，包装规格为25kg/袋，强度为32.5级的水泥的价格为20～25元/袋。

★普通水泥的鉴别与选购

步骤1 看品牌

了解水泥的知名品牌，避免选购假冒伪劣产品。在购买水泥时可以通过查看包装，从外观上识别产品质量，查看水泥是否采用了防潮性能好、不易破损的编织袋，并查看标识是否清楚、齐全。

步骤2 打开包装观察水泥

水泥的正常颜色应该呈现蓝灰色，颜色过深或发生变化的有可能是其他杂质过多。

步骤3 询问并观察产品的存放时间

水泥超过出厂日期30天后强度就会下降，储存3个月后的水泥强度会下降15%～25%，储存1年后会降低30%以上，这种水泥不建议购买。

↑水泥粉末手感。可用手握捏水泥粉末，手部会有冰凉感，且粉末较重，比较细腻，不会出现各种不规则杂质或结块的形态

↑水泥存放。水泥需要存放于干燥的室内环境中，不要随意堆放，可以在水泥上方覆盖一层无纺布，既防尘也防水

3.1.2 白水泥

白水泥的全称是白色硅酸盐水泥，主要是将适当成分的水泥生料烧至部分熔融，加入以硅酸盐为主要成分且铁质含量少的熟料，并掺入适量石膏，磨细制成的白色水硬性胶凝材料。

★白水泥的鉴别与选购

白水泥在建材市场或装饰材料商店都有售卖，传统包装规格为50kg/袋，由于现代装修用量不大，一般为2.5～10kg/袋，价格为2～3元/kg，掺有特殊添加剂的白水泥单价会达到5元/kg。

步骤1　观察包装袋上的信息

注意包装上的名称、强度等级、白度等级以及生产时间等信息。

步骤2　检查密封性

最好选购近一个月内生产的新鲜小包装产品，而且要特别注意包装的密封性。

步骤3　注意查看是否受潮

注意查看白水泥储存的周边环境是否有水渍，确保白水泥不会受潮或混入杂物。

步骤4　检查纯度

注意查看不同标号与白度的水泥是否分别储存和分别运输，二者没有混杂售卖。

↑白水泥。白水泥具备比较好的装饰性，制造工艺比普通水泥好，主要用于勾勒白瓷片的缝隙

↑白水泥存放。白水泥存储应隔绝空气，防止水汽入侵，建议在底部放2层木板后，再按序堆放

3.2 免钉胶

免钉胶是一种粘合力极强的多功能建筑结构强力胶，从名字上可以判断，"免"说明了它的存在状态；"钉"说明了它的性质。在国外普遍称为液体钉，国内叫免钉胶。

免钉胶是一种由树脂原料合成的绿色产品，可以和任何材料粘接，无明显异味，不伤皮肤，永远不会变黑、发霉，适用于粘贴轻质陶瓷墙砖和人造石材。免钉胶比玻璃胶的成本要高一些，但是免钉胶黏结能力超强，在干固后，比铁钉的固定力度大。使用免钉胶后，金属件与木结构之间、木材料与其他材料之间不会出现松动或晃动的问题，牢固且安全，品质有保障。

免钉胶主要有两种施工方式，一种是湿式黏结法，适用于质地比较轻的物料，可直接粘接；一种是干式黏结法，适用于中小面积带负重的基材表面，挤出的胶条之间要保持50mm的间距，胶条和基材边缘之间要保持20mm的间距，将待粘基材两面紧密结合在一起后，再轻轻地将其分开，等胶水挥发大约1~2min，表面快干后再将基材两面压紧贴合即可。

↑免钉胶

★免钉胶的选购与施工

步骤1 **没有强烈刺鼻气味**

优质免钉胶没有强烈刺鼻气味，但是挥发性物质还是有的，对人体各感官无明显刺激。

步骤2 **注意容量**

购买正规厂家的产品，不要因贪图便宜，导致购买的免钉胶容量不足。正规厂家注重自身形象、品质及品牌效应，所以，免钉胶容量可以绝对放心。

步骤3 **清理表面**

在使用免钉胶之前需要清洁施工基材表面，并确保其表面没有任何的油垢和尘埃。

步骤4 **获取免钉胶**

切开免钉胶管口，并捅破管口内部的保护膜，安装合适的胶嘴，用免钉枪挤出胶水，注意挤出的胶水要适量，以免浪费。

步骤5 **分点涂胶**

涂胶方式依据基材形状和基材面积大小而定，一般有点状、条状及"之"字状涂胶方式。

↑ 挤出的胶水要适量

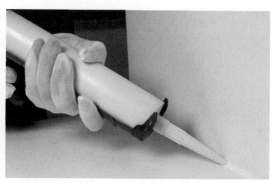

↑ 使用免钉枪建议戴上手套

基材表面如果有多余的免钉胶，可以用肥皂加少许氨水与松节油的混合液清除，以此可去除基材表面污物并令其表面更有光泽；还可拿一块沾满醋的干布来覆盖住有免钉胶痕迹的地方，等到免钉胶的黏渍完全湿透之后即可去除。

3.3 AB型干挂胶

AB型干挂胶全称为TAS型高强度耐水胶黏剂，是一种双组分的胶黏剂，即分为A、B两种包装，具有耐水、耐气候及耐多种化学物质侵蚀等特点。

↑ AB型干挂胶

AB型干挂胶适用于在潮湿墙面上铺装石材、砖材，尤其是在家具、构造上局部铺装石材、瓷砖。铺装效率要比传统水泥砂浆更高，一名熟练施工员可铺装25m²/d，但是采用点胶的铺装方式不适合地面铺装，因为砖材与地面基层之间存在缝隙，受到压力容易破裂。AB型干挂胶的包装规格一般为一组2桶（A、B各1桶），包装规格一般为5kg/桶，价格为100～150元/组，每组粘贴面积一般为4～5m²。

AB型干挂胶具有很高的黏结强度，价格也较高，在使用时多采用点胶的方式铺装石材、瓷砖。此外，还有一种干挂胶为环氧大理石干挂胶，它属于改性环氧树脂聚合物，具有黏结强度高、固化快、耐气候、耐老化性能优异等特点，广泛用于干挂大理石等石材幕墙的粘接，也可粘接陶瓷、水泥、金属、玻璃等材料。

★干挂胶的选购与施工

步骤1　看组成材料

选购AB型干挂胶要注意，AB型干挂胶的基料为环氧树脂，配以固化剂，组成AB双组分胶黏剂，目前的干挂胶一般为A∶B=1∶1。

步骤2　看固化时间

目前市场上常用的干挂胶，在常温下（25℃左右）初干时间一般2h左右，完全固化一般需要24～72h。通常情况下，AB型干挂胶在低温下（10℃以下），固化缓慢，若要提高固化速度则成本较高。

↑AB型干挂胶调和

↑AB型干挂胶局部粘接

↑AB型干挂胶局部粘接外部效果

步骤3　表面处理

注意粘接物表面应干爽不湿、无尘无油、牢固不松散，金属表面的油漆、混凝土表层的浮松物等阻碍充分粘贴的物质必须清除干净，石板或金属表面过于光滑的，必须进行适当打磨处理。

步骤4　混合方法

混合时注意用小铲分别取等量干挂胶A组分和B组分（A、B组分不可共用小铲），置于平滑板面上，再用小铲将A组分和B组分充分翻拌，直至混合均匀、色泽一致。

步骤5　注意施工时间

已调合的干挂胶超过施工有效时间（10min）绝对不能使用。

3.4 瓷砖胶

瓷砖胶又称陶瓷砖黏合剂，主要用于粘贴瓷砖、面砖、地砖等装饰材料，广泛适用于内外墙面、地面、浴室、厨房等建筑饰面装饰场所，主要特点是黏结强度高、耐水、耐冻融、耐老化性能好及施工方便，是一种理想的黏结材料。

瓷砖胶是以水泥为基材，采用聚合物改性材料等掺加而成的一种白色或灰色粉末胶黏剂。瓷砖胶在使用时只需加水即能获得黏稠的胶浆，它具有耐水、耐久性好，操作方便，价格低廉等特点。使用瓷砖胶粘贴墙面砖时，在砖材固定5min内仍能旋转90°，并且不会影响黏结强度。

瓷砖胶又称瓷砖黏合剂或黏结剂、黏胶泥等，是现代装潢的新型材料，替代了传统水泥砂浆，其黏结力是水泥砂浆的数倍，能有效粘贴大型的瓷砖石材，避免掉砖的风险。其良好的柔韧性可防止产生空鼓。聚合物改性的水泥基瓷砖胶，可分为普通型和增强型，普通型适用于厨房、卫生间墙面常用规格的瓷砖，增强型适用于铺贴较大尺寸的瓷砖、大理石等。

↑ 瓷砖胶

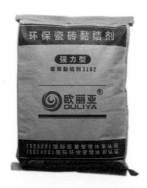

↑增强型瓷砖胶。它具有较强的黏结力和抗下坠性能，适用于黏结力要求较大的墙面瓷砖的粘贴

★瓷砖胶的鉴别与选购

↑粉料干燥冰凉为佳

↑加水搅拌后黏稠度适中，不开裂，不断续

瓷砖胶适用于室内外陶瓷墙地砖、陶瓷马赛克的粘贴，也适用于各类建筑物的内外墙面、水池、厨卫间、地下室等的防水层，用于外保温系统护面层上的瓷砖粘贴时，需等护面层材料养护至一定的强度。基面应干燥、牢固、平整、无油污、无粉尘、无脱膜剂等。

由于瓷砖胶采用单组分包装，黏结强度不及AB型干挂胶，一般适用于粘贴自重不大的块材，如中等密度陶瓷砖或厚度≤15mm的天然石材，粘贴高度应<3m。瓷砖胶的包装规格一般为20kg/袋，价格为60～80元/袋，每袋粘贴面积一般为4～5m²。

步骤1 看粉料

优质瓷砖胶产品，经由先进设备科学配比、充分搅拌，更能保障粉料均匀。

步骤2 看搅拌后的黏稠度

搅拌后感受瓷砖胶的黏稠度，即按照产品配比要求加水，充分搅拌后观察瓷砖胶的黏稠度。优质瓷砖胶中含有各种功能性添加剂，能够强化瓷砖胶黏结力，因此充分搅拌后的瓷砖胶呈均匀稠浆状。

步骤3 看保水性

瓷砖胶中的水分流失太快会造成瓷砖胶的强度不够，因此好的瓷砖胶要有优异的保水性。

★ **选材小贴士**

瓷砖胶使用方便

瓷砖胶具有高黏结力，施工中不用浸砖湿墙，良好的柔韧性，施工简便的特点。施工时在桶内加水调配搅拌即可，干燥时间缓慢，可以长时间使用，同时施工后保养的时间较长，整体干燥时间长，但是黏结强度高，是传统水泥砂浆的3倍。

★瓷砖胶的安装施工

↑轻敲瓷砖，确保其粘贴牢固

↑可轻易掰开的瓷砖证明瓷砖胶的黏结力度不佳

步骤1

不可在瓷砖胶粉料中再次添加水泥、砂灰及胶类溶剂，这些添加物会影响瓷砖胶的黏结强度，导致瓷砖脱落。

步骤2

必须牢记水灰比是1∶4，这里说的是重量比，过稀过稠均会粘不牢，兑水搅拌3～5min后用灰铲铲起一块拌好的料，倒过来不掉落的即为稀稠适度。

步骤3

检验、判断基础铺砖墙面是否存在空鼓、粉化、夹层、不结实的现象，如果有一定要彻底清除后再铺砖，否则容易导致瓷砖脱落。

步骤4

已搅拌好的瓷砖胶如果30min内用不完，为保证黏结效果一定要再次搅拌才可继续使用。

步骤5

瓷砖胶对墙面的平整度要求比较严格，要求达到平整度：≤4mm/2m。

↑瓷砖胶施工。瓷砖胶施工时可用刮刀进行基本处理，注意瓷砖胶要涂抹均匀平整，涂抹厚度一致，砖块周边形成倒角，这样粘贴能避免瓷砖脱落

3.5 填缝剂

填缝剂是一种粉末状的物质，由多种高分子聚合物与彩色颜料制成，弥补了传统白水泥填缝剂容易发霉的缺陷，使石材、瓷砖的接缝部位光亮如瓷。

填缝剂凝固后在砖材缝隙上会形成光滑如瓷的洁净面，具有耐磨、防水、防油、不沾脏污等优势，能长期保持清洁、一擦就净，能保证宽度≤3mm的接缝不开裂、不凹陷。填缝剂的硬度、黏结强度、使用寿命等方面都优于传统白水泥填缝剂，能避免缝隙滋生霉菌而危害人体健康。填缝剂颜色丰富、自然细腻，具有光泽，不褪色，具有很强的装饰效果，各种颜色能与各种类型的石材、瓷砖相搭配。

→填缝剂（一）

填缝剂主要用于石材、瓷砖铺装缝隙填补，是石材、瓷砖胶黏剂的配套材料。填缝剂常用包装规格为1~10kg／袋不等，价格为5~10元／kg。

→填缝剂（二）

★ 填缝剂的鉴别与选购

步骤1 **看细度**

选购填缝剂时要注意，正常家庭用的填缝剂要求水泥或砂的细度越细越好，用手搓一下，有点细腻感。差的产品所用材料品质参差不齐，有些砂细度不足，感觉粗糙。

步骤2 **看色泽**

好的填缝剂，未使用前，颜色柔和，色泽鲜艳。差的产品，由于材料不佳，看起来灰蒙蒙的或色彩暗淡。

★ 填缝剂的安装施工

↑ 填缝剂调和需均匀

↑ 填补缝隙需做好后续清洁工作

步骤1

在施工时，当被填缝物粘牢后，先将缝内清洗干净，无杂物与积水，再按产品包装上的说明比例调配，一般为填缝剂：水＝4：1，将清水加入填缝剂中调成膏状，静置10min后，再简单搅拌即可使用。

步骤2

待填缝剂初步固化后，用微湿的干净抹布将缝隙表面多余的填缝剂清理干净。待24h后，用干燥的抹布进一步清洁，固化后的填缝剂有防水功能。

步骤3

填缝剂要在干燥通风处保存，保质期一般为1年，一次调和量要根据用量而定，不宜调和过多，如未使用完就会硬化，不能再继续使用。

步骤4

填缝剂具有一定的腐蚀性，应该避免与眼部接触，如不慎沾入，立即用大量清水冲洗，严重者应立即送医院就医。

3.6 美缝剂

美缝剂是填缝剂的升级产品，美缝剂的装饰性实用性明显优于填缝剂。传统的美缝剂是涂在填缝剂的表面，新型美缝剂不需要填缝剂做底层，可以在瓷砖粘接后直接添加到瓷砖缝隙中，适合2mm以上的缝隙填充，施工更方便。

美缝剂光泽度好，颜色丰富，自然细腻，颜色有金色、银色、珠光色等，而白色、黑色的色度明显高于白水泥、填缝剂，给墙面带来更好的整体效果，因此装饰性大大强于白水泥、填缝剂。并且其凝固后，表面光滑如瓷，可以和瓷砖一起擦洗，具有抗渗透、防水的特性，可以做到真正的瓷砖缝隙"永不变黑"。

↑ 美缝剂

↑ 美缝剂填缝

★美缝剂的鉴别与选购

步骤1 **看包装标志**

可以查看美缝剂包装上的标志是否齐全，是否有防伪码。SGS是目前美缝剂行业环保标准，具备SGS认证的才是优质品。

SGS

↑SGS认证标志。具有SGS认证标志的产品不仅质量合格，而且在生产、使用和处理过程中都符合特定的环境保护要求

步骤2 **闻气味**

气味较大、有刺激性气味的美缝剂，有害气体较多，对人体有伤害，属于劣质品，而优质的美缝剂环保性强，闻起来仅带有淡淡的味道。

步骤3 **听声音**

在不打开美缝剂的情况下，可通过听声音辨别美缝剂的黏稠度，以此来判断美缝剂的优劣。

步骤4 **注重胶体黏稠度**

好的美缝剂产品是符合行业质量标准的。黏稠度合适、黏结能力较好的美缝剂，施工后不会发生脱落的问题。

↑闻气味。取一瓶美缝剂，打开瓶盖，隔一定距离闻美缝剂的气味，有刺鼻味道的属于劣质美缝剂，优质品味道比较淡

★选材小贴士

美缝剂

美缝剂是速干型，所以打上200mm左右就要用湿海绵赶紧清理，否则就不好清理了。

↑晃动美缝剂。将美缝剂提起来，微微晃动，优质的美缝剂没有声音，有声音说明包装容量不足或黏度过低，属于劣质美缝剂

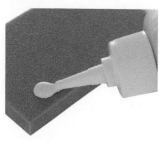

↑检验黏稠度。取一瓶美缝剂，挤出适量胶体，胶体稠度合适，不容易被擦掉的就属于优质品，其施工性能好

步骤5 **看固化时间**

固化时间较短的美缝剂，说明化学反应强烈，容易出现有害气体；固化时间较长，说明固化剂质量差，价格比较低廉。一般固化时间在4～6h，达到中度固化的较好，冬季固化时间需延长。

步骤6 **看凝固后的遮盖力**

好的美缝剂凝固之后基本不会收缩，且表面光滑平整，整体观感较好。遮盖力不好的美缝剂，凝固之后会出现收缩和空洞掉粉的状况，并且表面会比较粗糙，观感不好。

步骤7 **看色泽**

色泽生硬、反光力度强、光线比较死板的属于劣质美缝剂。优质的美缝剂会采用珠光金粉，光线柔和，具有珍珠光泽和良好的透明度。

步骤8 **看硬度**

好的美缝剂固化后硬度基本上可以和瓷砖相媲美，强大的韧性让它能自动适应瓷砖，不用担心长久使用后起包、开裂等情况，劣质品在放置一段时间后极易开裂。

↑看色泽。取出一瓶美缝剂，挤出适量胶体，观察表面色泽，光泽度低的属于劣质品，不利于保洁

↑看硬度。在施工后的美缝剂样板上用指甲用力往下压，如果美缝剂硬度比较差，属于劣质品

步骤9 **看表膜**

好的美缝剂表膜光洁、手感滑爽；劣质的美缝剂表膜会黯然无光泽，且表面也比较粗糙。

步骤10 看抗污能力

　　优质的美缝剂具备有良好的抗污能力，不会轻易地被污染，而劣质的美缝剂一旦遇到污染物就很难清洁干净，且会有杂质残留。

↑看表膜。取一张废纸或抹布，往表膜上随意擦拭几次，高质量的美缝剂通常具有优异的耐摩擦性能

↑看抗污能力。在施工后的美缝剂样板上，倒墨水或酱油在缝隙上，停留10~20min，然后用干净的抹布擦净，缝隙无变化的美缝剂具有良好的防水防污性能

★美缝剂的安装施工

↑贴美纹纸

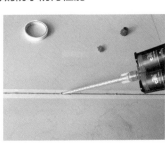
↑注入美缝剂

↑不锈钢球压平并揭开美纹纸

↑施工完成

3.7 玻璃胶

玻璃胶黏剂，可简称为玻璃胶，是专用于玻璃、陶瓷、抛光金属等表面光洁材料的胶黏剂，由于应用较多，也是一种家居常备胶黏剂。玻璃胶黏剂的主要成分为硅酸钠、醋酸、有机性硅酮等。

玻璃胶黏剂主要分为硅酮玻璃胶黏剂与聚氨酯玻璃胶黏剂两大类，其中硅酮玻璃胶是目前家居装修的主流产品，从产品包装上可分为单组分与双组分两类。单组分硅酮玻璃胶的固化是靠接触空气中的水分而产生物理硬化，而双组分则是指将硅酮玻璃胶分成A、B两组分分别包装，任何一组分单独存在都不能形成固化，但两组分胶浆一旦混合就产生固化。

↑ 硅酮玻璃胶黏剂售卖柜

玻璃胶黏剂主要用于干净的金属、玻璃、抛光木材、加硫硅橡胶、陶瓷、天然及合成纤维、油漆塑料等材料表面的粘接，也可以用于光洁的木线条、踢脚线背面、厨卫洁具与墙面的缝隙等部位。玻璃胶黏剂常用规格为每支250mL、300mL、500mL等，其中500mL中性硅酮玻璃胶价格为10~20元／支。

↑ 硅酮玻璃胶黏剂

市场上常见的是单组分硅酮玻璃胶，按性质又分为酸性胶与中性胶两种。酸性玻璃胶主要用于玻璃和其他材料之间的一般性粘接，粘接范围广，对玻璃、铝材、不含油质的木材等具有优异的黏结性，但是不能用于粘接陶瓷、大理石等。中性胶克服了酸性胶易腐蚀金属材料、易与碱性材料发生反应的缺点，因此适用范围更广，可以用于粘接陶瓷洁具、石材等。

此外，还有中性防霉胶，是目前家装的应用趋势，防霉效果较好，耐候性更强，粘接更牢固，不易脱落，特别适用于一些潮湿、容易长霉菌的环境，如卫生间、厨房等，其市场价格比酸性胶要高。硅酮玻璃胶有多种颜色，常用颜色有黑色、瓷白、透明、银灰、灰、古铜等。

★玻璃胶的鉴别与选购

↑玻璃胶质地

步骤1 **注重品牌**

选购玻璃胶黏剂要注意品牌，由于用量不大，一般应选用知名品牌产品。在施工时应使用配套打胶器，并可用抹刀或木片修整其表面。

步骤2 **注重固化时间**

硅酮玻璃胶的固化过程是由表面向内发展的，不同特性的玻璃胶黏剂表干时间和固化时间都不尽相同，所以若要对表面进行修补必须在玻璃胶黏剂表干前进行，酸性胶、中性透明胶一般为5~10min内，中性彩色胶一般应在30min内。玻璃胶的固化时间是随着黏结厚度增加而增加的，如涂抹12mm厚的酸性玻璃胶，可能需3~4天才能完全凝固，但约24h就会有3mm的外层固化。玻璃胶黏剂未固化前可用布条或纸巾擦掉，固化后则须用美工刀刮去或二甲苯、丙酮等溶剂擦洗。

步骤3 **看黏结力度**

优质的玻璃胶应该是不容易脱胶的，且具有比较好的防水能力，可用小刀轻刮表面，看是否能轻易刮下来。

步骤4 看色泽和出胶量

优质的玻璃胶出胶应迅速，表面色泽鲜亮，不会掺杂黑点等杂物。

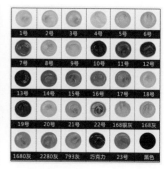

↑硅酮玻璃胶黏剂封闭边缘，白度很高

↑彩色玻璃胶

★ 玻璃胶的安装施工

步骤1 玻璃胶存放

玻璃胶黏剂应存放于阴凉、干燥处，30℃以下。优质酸性玻璃胶可确保有效保存期12个月以上，一般酸性玻璃胶可保存6个月以上，中性耐候胶可保存9个月以上。

步骤2 打胶器施工

在施工中，玻璃胶黏剂应采用专用打胶器施工，按压时力度要均匀，移动速度保持一致，打胶完毕时要将打胶器迅速提起，避免在收尾处残留余胶。

步骤3 挥发气味

酸性玻璃胶在固化过程中会释放出有刺激性的气体，会刺激眼睛与呼吸道，因此一定要在施工后打开门窗，待完全固化后并等气体散发完毕后才能入住。

↑玻璃胶打胶器

←玻璃胶施工。玻璃胶不适宜在长期有水或浸水的地方施工，且玻璃胶施工所产生的刺激性气体会在固化过程中消失，固化后将无任何异味，因此在施工中需要保持施工现场通风

如果玻璃胶瓶已打开，应在短期内使用完，如果未用完，胶瓶必须密封，再次使用时应旋下瓶嘴，并去除所有堵塞物或更换瓶嘴。

在使用玻璃胶时不可避免地会将玻璃胶弄到基材上，下面对不同的界面来分别介绍相应的清除方法。

（1）玻璃上的玻璃胶清洗

如果玻璃上的玻璃胶面积很大的话，可以用油灰刀刮掉；如果面积较小，则可以用剪刀或者小刀轻轻刮，或者用香蕉水轻轻地涂刷多次，边缘就会化掉，然后用小刀刮，就可以不留任何痕迹。

（2）地板上的玻璃胶清洗

瓷砖地板，一般去除起来比较简单，用小刀慢慢地刮走固化的玻璃胶就可以了；木纹地砖则需将海绵泡进开水浸至发热，将水甩微干，反复擦几次，玻璃胶自然就可擦除。

（3）瓷砖上的玻璃胶清洗

可在超市选购常用的清洁剂，喷在有玻璃胶的部位，稍待几分钟，用抹布就能轻松擦干净。对于已经固化的玻璃胶，如果面积小，可以直接用锋利的美工刀片刮除；如果面积大，可用抹腻子专用的刮刀刮去，方便省事，效果好。

↑油灰刀

↓小刀刮除瓷砖上的玻璃胶

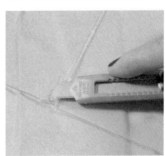

↓单块面积较小的陶瓷砖填缝处理特别复杂，如果用美缝剂处理，人工成本很高，可以选用传统填缝剂加入相应色浆，用大号板刷涂刷填缝剂，待半干固状态下用抹布擦净瓷砖表面，最后用书法毛笔涂刷一遍透明防水剂，这样就不会发霉了

→卫生间内，直接与水发生接触的部位选用美缝剂填缝，不与水发生接触且外漏的缝隙可用玻璃胶，不与水发生接触且不外漏的缝隙或粘接部位可用免钉胶

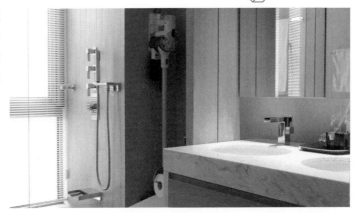

砖石铺装材料一览 ●大家来对比●

品　种	性　能　特　点	适用部位	价　格
水泥砂浆	质地均衡，需要调和搅拌，加工时间长，干燥快，黏结能力一般，价格低廉	室内瓷砖、石材粘接	25kg / 袋 20~25元 / 袋
免钉胶	质地黏稠，直接使用，施工方便，干燥快，黏结能力强，对基础界面清洁度要求高	局部瓷砖、石材与其他界面粘接	500mL / 支 15~20元 / 支
干挂胶AB型	质地黏稠，分为AB两种包装，施工时简单调和，干燥速度可以控制，黏结能力强	大面积瓷砖、石材与其他界面粘接	5kg / 桶 100~150元 / 组
瓷砖胶	质地均衡，需要调和搅拌，加工时间短，干燥速度慢，黏结能力强，价格较高	室内瓷砖、石材粘接	20kg / 袋 60~80元 / 袋
填缝剂	质地黏稠，简单调和使用，施工方便，干燥快，不透水，美化效果好，价格低廉	瓷砖、石材缝隙一般填补	1kg / 袋 10~15元 / 袋
美缝剂	质地黏稠，分为AB两种包装，施工时简单调和，干燥速度快，美化效果好	瓷砖、石材缝隙美化填补	1kg 30~45元 / 组
玻璃胶	质地特别黏稠，呈膏状，干燥快，粘接表面质地光滑的材料效果好	瓷砖、石材等各种缝隙填补、粘接	中性500mL / 支 10~20元 / 支

参考文献

[1] 宏达. 室内装修材料完全图解. 北京：人民邮电出版社，2017.

[2] 张琪. 室内装修材料与施工工艺. 北京：化学工业出版社，2014.

[3] 廖树帜，张邦维. 实用建筑材料手册. 长沙：湖南科学技术出版社，2012.

[4] 祝彬. 装修建材速查图典. 北京：化学工业出版社，2014.

[5] 袁立，李志豪. 当代瓷砖实用宝典. 苏州：苏州大学出版社，2011.

[6] 刘强. 石材加工与利用. 北京：科学出版社，2015.

[7] 赵辰. 居家有材系列：瓷砖与石材. 北京：中国人民大学出版社，2009.

[8] 周俊兴. 装饰石材应用指南. 北京：中国建材工业出版社，2015.

[9] 许炳权，杨金铎. 装饰装修材料. 北京：中国建材工业出版社，2006.